服裝打版放縮

蔡月仙 · 劉靜宜編著

新形象出版事業有限公司

序

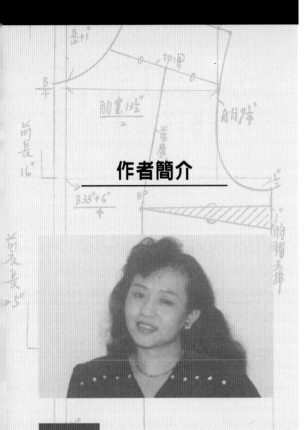

作者簡介

蔡月仙

台北市民國三十七年生
省立北二女中分校畢

經歷/

　　民國五十七年服裝公司打版師。
　　民國五十八年成立設計打版工作室。
　　民國六十年設立靜宜縫紉補習班。
　　民國七十年代理國內廠商設計打版。
　　民國七十五年台北劍潭海外青年聘講師。
　　民國九十三年台北劍潭海外青年朝陽大學聘講師。

現任：靜宜縫紉補習班設立人、講師
著作：服裝打版講座、服裝打版放縮講座。
地址：台北市士林區中正路305巷8號3樓。
電話：(02) 28814658。

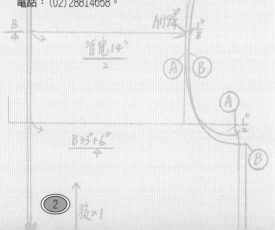

人要衣裝、衣服和每個人日常生活息息相關要做好看、又好穿的衣服實在不簡單、要打好的版子做細的手功、師資最重要，三十年前都是訂做店、師傅訓練出來工很細，現在都是加工、講求快速工較粗，服裝是跟著時代在進步，我們卻在歐美、日國家之後，目前家政大學、家職都採用日本教學課程，教法不實際經驗少、或坊間的裁前書籍都翻譯日本、製圖複雜，看不懂，筆者從24歲開始設立補習班，歷經30幾年教學經驗，把所學的重新、研究、翻新、改進、用最快的計算公式方法讓讀者易學、易懂，要寫出真正的原理，有根據、有理論，在教學中了解衣服變化，原型多畫、熟能生巧自然就不會忘記。

要編寫一本好書，要有深厚的製圖打版經驗，經驗是經過不斷的改進，精益求精，累積出來的成果更具備要有耐心恒心、愛心和毅力，雖然一路辛苦，但是心血付出的成就值得欣慰。

打版教學是一門大學問，目前國內教學倚賴日本、自己要研究，編寫一本教材實在不簡單，但是教材不改進師資不能提升、教學永遠停頓，學生就不會進步，有的畢業不能學以致用，造成教育損失，學生就業困難，等畢業重新再學雖然不遲，但是浪費三、四年的時間實在太可惜。

在此呼籲教育界可聘請補習班，優秀的教師，專教打版課程，使在學的學生得到對的技能培育出好的師資教導下一代的學生，提升教育水準、使人才不致斷層，讓我們在國際服裝界能站一席之地，不致於在歐美日之後。

筆者寫這本書是我多年的心願，在於啓發讀者要有興趣，有耐心，學技能不是短時間，是靠時間累積成果，學得一技之長，終身受用，在此書出版之際，以十二萬分虔誠的心盼業界專家多指教，與讀者共勉之。

蔡月仙

序

作者簡介

劉靜宜

台北市。民國六十年生。

稻江家職畢業

經歷/

民國七十九年　靜宜縫紉補習班主任。

民國八十一年　台北市技能競賽女裝第二名。

民國八十一年　國際技能競賽中華民國委員會
　　　　　　　證明書。
　　　　　　　(參加二十三屆全國技能競賽
　　　　　　　成責評定及格證明)

民國八十四年～九十一年間：
　　　　　　　安蒂亞服裝公司打版師兼樣本。
　　　　　　　卡麗雅服裝公司打版師。
　　　　　　　傅子菁服裝公司打版師。
　　　　　　　民國九十三年台北劍潭海外青年
　　　　　　　朝陽大學聘講師

現任/靜宜縫紉補習班班主任、講師

著作/服裝打版放縮講座。

地址：台北市士林區中正路305巷8號3樓

電話：(02) 28814658

小時候家裡從事縫紉補習班，從小因為環境關係，使我對服裝感興趣，長大後就讀家政服裝科系，但學校所教的不切實際，打版製圖較複雜，縫製方法較傳統，學校經驗和社會經驗有些差距，所以畢業後，在媽媽的指導培訓下，對服裝打版，重新學習，精益求精。

在學習過程中，要不斷的研究改進，翻新累積自己的經驗，用最簡單的方式讓讀者易學、易懂，在學習中要有恆心、耐心、毅力，一定會成功的。

從畢業後，在家中培訓，然後參加台北市技能競賽，獲得第二名，從中學習，但學技能要精，是要靠時間的累積磨練，熟能生巧，才能做個優質的打版師、講師。

在服裝成衣界做個打版師，面對壓力和挑戰，服裝品味風格的求新求變，不斷改進，無形中求得進步，成衣和傳統訂做店不一樣，訂做店是照個人的體形訂製，成衣大致可分為S、M、L（小、中、大）三段尺寸製作，在服裝市場的競爭中，對於衣服的設計、布料選擇，顏色搭配，及一些小飾品，配件，打版製圖縫製都非常重要缺一不可，每件設計都先做件樣本，如不合先做修改，再依照尺寸分段、大量生產。

這幾年景氣不好，不少成衣都轉移至大陸，因為大陸工資較低，做好成衣再外銷回台灣，價格較低且大量，所以現在、台灣的人材，已愈來愈少了。

在台灣做成衣能站一席之地，要自設品牌，設計自己的品味風格，獨一無二，才能吸引顧客，設計感，質料好，手工細，價錢自然較高，所以和媽媽（蔡月仙作者）互相研究，編寫這本服裝打版放縮講座，以十二萬分虔誠的心，盼業界專業多多指教與讀者共勉之。

劉靜宜

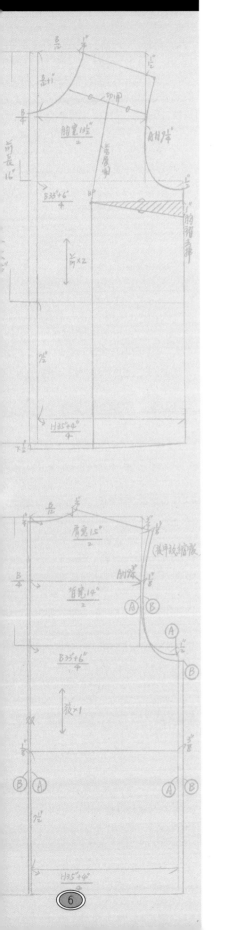

基本認識

從古代到現代衣服變化很大，古代衣服寬鬆，沒線條，現代人衣服講究布料，樣式，合身變化較大要懂得穿好看的衣服，要適合個人的體型，一件好看的衣服，不見得每個人穿都漂亮，個子矮的不能穿太長太複雜，顯得沉重體型胖的人衣服要做到蓋腹部最好不要穿連身洋裝，會顯得腰特別粗，可外加外套遮蓋看起來感覺更好看。

一件衣服開始設計好樣子，先製圖打版再裁剪，縫製，這過程密不可分，做個打版師對衣服的剪裁和縫製要精，做得較順手，所以三者合為一。

設計的衣服要了解切什麼線條，合身、寬鬆，加的鬆份不一樣做好品味就不一樣，也要合乎流行的趨式，像今年流行霧背合身上長兩件式短裙。打版也要看布料，有的有彈性，不加鬆份，穿起來較貼身才好看，做個打版師要懂得變化，感覺、反應快。因為每家公司走的路線不一樣，所以要適合公司的品味。

現在打版人材較少，現代人缺乏耐心，學技能要有興趣有耐心，要花心血才能獲得，天下沒有不勞而獲的。只要肯努力學，人志勝天，事在人為，一定會成功的。

單位換算

1碼=3呎

1呎=12吋

1吋=8分

角尺解說

角尺有兩面一面是英吋實際尺寸較長一邊24吋或20吋，較短一邊14吋或12吋。

另外一面上面有刻度短一邊有(1/16、1/8、1/4、1/2)長的一邊有1/12、1/6、1/3、2/3)就是打版時用公式帶入快速除法不用計算省時。

製圖打版縫製工具

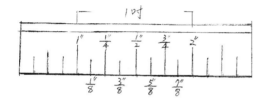

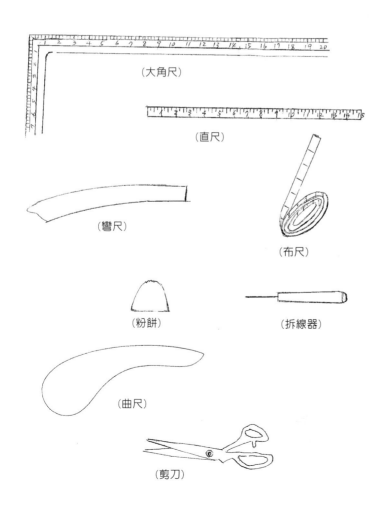

(大角尺)

(直尺)

(彎尺)

(布尺)

(粉餅)

(拆線器)

(曲尺)

(剪刀)

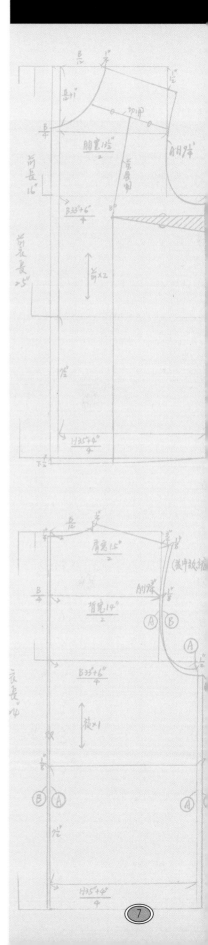

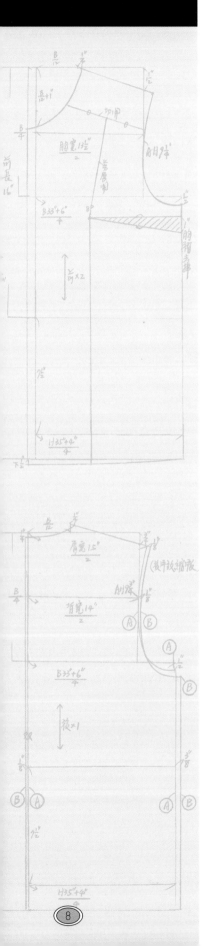

製圖的記號

平分線	重疊記號
布紋方向	連接記號
斜布紋	
直角記號	雙向記號
縮細褶記號	
鬆緊帶記號	單向褶 褶向外
連接記號	

製圖代號

肩　寬	SW	胸　寬	FW	臀　圍	H
背　長	BL	胸　圍	B	衣　長	L
前　長	FL	乳尖點	BP	袖　圈	AH
背　寬	BW	腰　圍	W	上臂圍	BC

各種衣服寬鬆份解說

(量合身)

衣服名稱 / 量身名稱	洋裝	襯衫	落肩襯衫	單穿上衣(有腰)	有腰身西裝 / 寬型西裝	大衣	男西裝
(SW)肩寬	假定肩15"	肩加1吋	肩加1吋	肩加1/2	肩加1吋	肩加1 1/2吋	假定肩17" 肩加1吋
(B)胸圍	無袖加2吋 有袖加3吋	加6"~8"	加6"~10"	加5吋	有腰加6吋 寬型加8吋	有腰加8吋 寬型加10吋	加6"~8"
(W)腰圍	加2吋			加4吋	有腰加5吋	有腰加6吋	
(H)臀圍	加2吋	加4"~5"	加5吋	加3吋	加4吋	加6吋	加6吋
(AH)袖圈	無袖(胸圍一半) 有袖(胸加鬆份一半)	胸圍加鬆份一半(可減少1/2)	量前後身片袖圈	胸圍加鬆份一半(可減少1/2)	胸圍加鬆份一半(寬型袖圈多加1")	胸圍加鬆份一半 大袖圈量身片袖圈	胸圍加鬆份一半
(BC)上臂圍	量上手臂實加3吋	加5"~6"	短袖加6吋 長袖加7"吋	加3 1/2吋	有腰加4吋 寬型加5吋	加5"~6"吋 大袖圈加8~9吋	加6吋

重點說明
1. 肩寬、胸寬、背寬量合身西裝外套各加大1吋。
2. 胸圍量合身西裝外套加6吋鬆份。
3. 上臂圍量合身西裝外套加4吋鬆份。
4. 西裝外套胸圍加鬆份的一半是袖圈。

加工製圖分段尺寸表

量身名稱	8號	9號(S)	10號	11號(M)	12號	13號(L)	14號	15號(XL)	16號
肩寬 (西裝)	14 1/2 / 西裝15 1/2	14 1/2 / 西裝15 1/2	14 3/4 / 西裝15 3/4	14 3/4 / 西裝15 3/4	15" / 西裝16"	15" / 西裝16"	15 1/4 / 西裝16 1/4	15 1/4 / 西裝16 1/4	15 1/2 / 西裝16 1/2
背長-前長	14 1/2-15 1/2	14 1/2-15 1/2	14 3/4-15 3/4	14 3/4-15 3/4	15"-16"	15"-16"	15 1/4-16 1/4	15 1/4-16 1/4	15 1/2-16 1/2
背寬 (西裝)	13 1/2 / 西裝14 1/2	13 1/2 / 西裝14 1/2	13 3/4 / 西裝14 3/4	13 3/4 / 西裝14 3/4	14" / 西裝15"	14" / 西裝15"	14 1/4 / 西裝15 1/4	14 1/4 / 西裝15 1/4	14 1/2 / 西裝15 1/2
胸寬 (西裝)	13" / 西裝14"	13" / 西裝14"	13 1/4 / 西裝14 1/4	13 1/4 / 西裝14 1/4	13 1/2 / 西裝14 1/2	13 1/2 / 西裝14 1/2	13 3/4 / 西裝14 3/4	13 3/4 / 西裝14 3/4	14" / 15"
胸圍(B) (西裝)	32" / 西裝38"	33" / 西裝39"	34" / 西裝40"	35" / 西裝41"	36" / 西裝42"	37" / 西裝43"	38" / 西裝44"	39" / 西裝45"	40" / 西裝46"
乳上長	9"	9 1/4	9 1/2	9 3/4	10"	10 1/4	10 1/2	10 3/4	11"
乳間	6"	6 1/4	6 1/2	6 3/4	7"	7 1/4	7 1/2	7 3/4	8"
上臂圍(BC) (西裝)	10" / 西裝14"	10 1/4 / 西裝14 1/4	10 1/2 / 西裝14 1/2	10 3/4 / 西裝14 3/4	11" / 西裝15"	11 1/4 / 西裝15 1/4	11 1/2 / 西裝15 1/2	12" / 西裝16"	11 1/2 / 西裝16 1/2
袖圈(AH) (西裝外套)	19"	19 1/2	20"	20 1/2	21"	21 1/2	22"	22 1/2	23"
腰圍(W)	24"	25"	26"	27"	28"	29"	30"	31"	32"
臀圍(H)	34"	35"	36"	37"	38"	38"	39"	40"	41"
股上長	9 1/2	9 3/4	10"	10 1/4	10 1/2	10 1/2	10 3/4	10 3/4	11"
領圍	14"	14 1/4	14 1/2	14 3/4	15"	15 1/4	15 1/2	15 3/4	16"

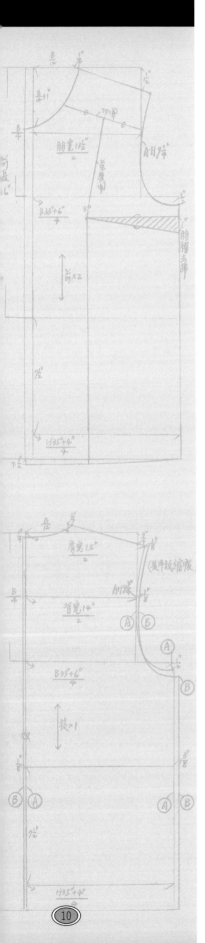

量身法

肩寬：
從左肩骨點經後頸點量到右肩骨點。

背長：
從後頸點量到後中腰的位置。

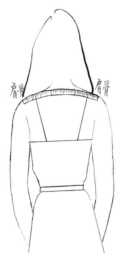

背寬：
在後背骨的位置從左腋點量至右腋點。

前長：
從肩頸點量經乳點到腰的長度。

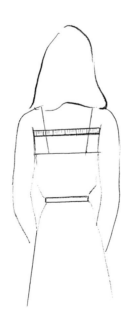
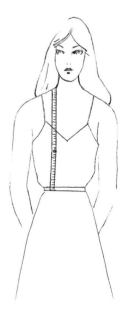

胸寬：
從左腋點量至右腋點。

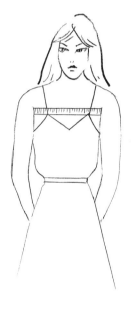

胸圍：
從腋下經乳尖點水平繞一圈。

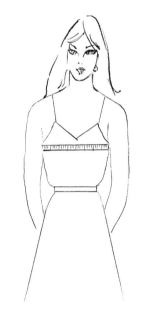

乳上長：
從前頸肩點量至乳尖點。

乳間：
從左乳尖點量至右乳尖點的長度。

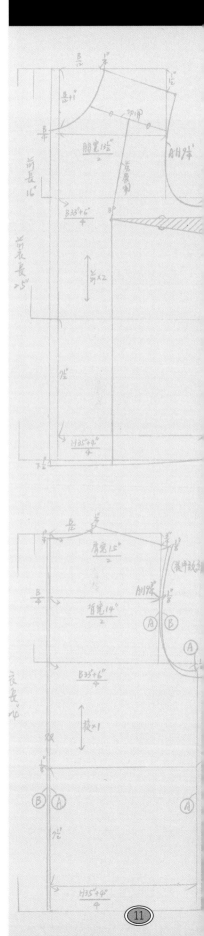

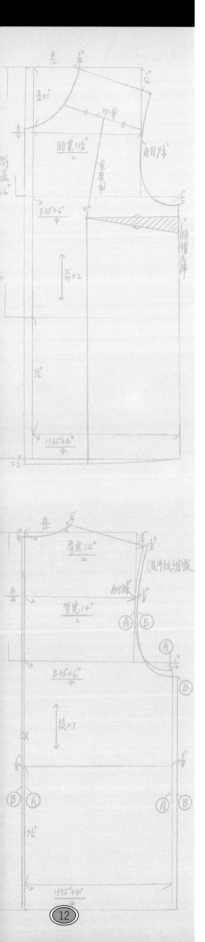

腰圍
在腰帶的位置繞一圈。

臀圍
在臀部最高處繞一圈。

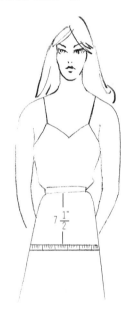

腹圍
腰下4"腹圍較突出繞一圈。

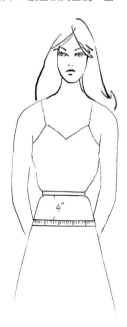

上臂圍：
肩骨下6"上手臂最粗位置繞一圈。

肘長：
從肩骨點量至手肘彎曲點。

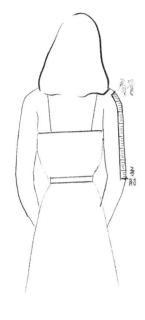

袖圈：
從肩點經腋下繞一圈量合身。

袖長：
從肩點量經肘點到手根長度。

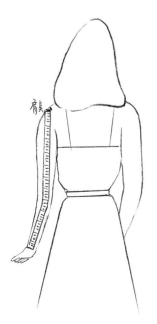

袖口：
在手腕處繞一圈量合身。

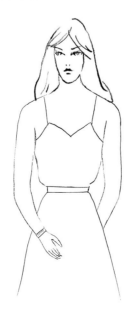

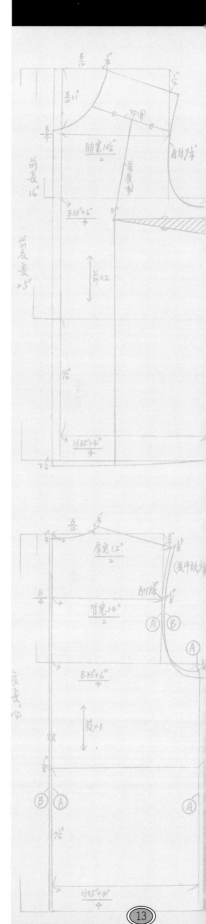

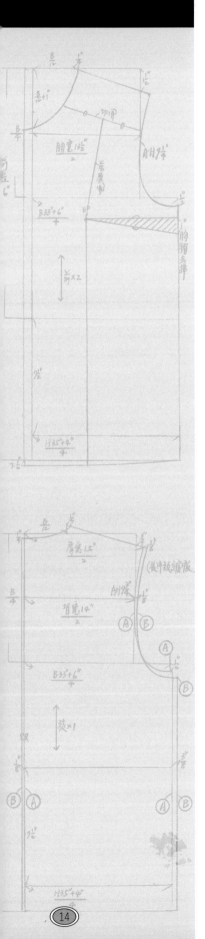

頭圍：
從前額經上耳至後頭突出處繞一圈。

頸圍：
從肩頸點經後頸點繞一圈。

腰長：
從後中心腰點量至臀圍最高處。

裙長。
從前腰線量至所需位置的長度。

褲長：
量協邊從腰量到腳外踝點的長度。

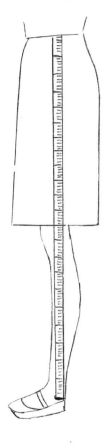

股上長：
量協邊從腰量到椅子上面。

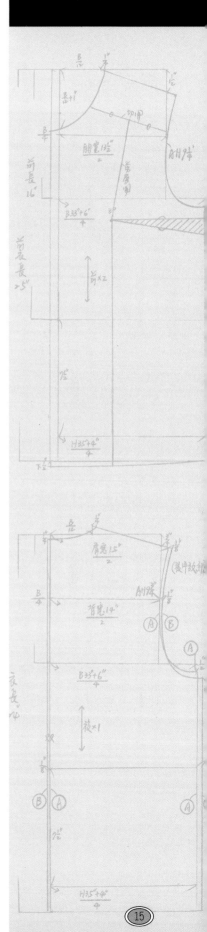

兩片直裙

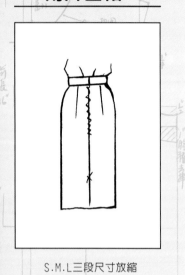

S.M.L三段尺寸放縮
（S用A代替，M用B代替）

重點說明

(1) 兩片直裙假定A、B二段尺寸，腰圍、臀圍量合身、因臀圍要加1"鬆份，所以(A)版臀圍，完成版36"(B)版38"。

(2) 先畫(A)版尺寸，在前後片旁邊和中心放大1/4"腰打褶位置不變腰圍臀圍放大2"是(B)版尺寸，再放大以此類推

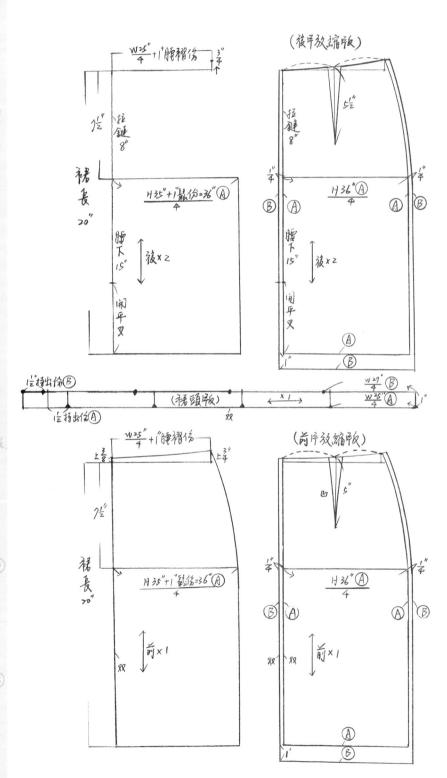

假設尺寸

（A）‧（B）

腰圍25"‧27"（W）

臀圍35"‧37"（H）

裙長20"‧21"（L）

重點說明

(1) 兩片A姿裙假定A‧B二段尺寸，腰圍臀圍量合身因臀圍要加1 1/2"鬆份所以
　　(A)版臀圍完成版36 1/2"(B)版38 1/2"。

(2) 先畫(A)版尺寸在前後片旁邊和中心放大1/4"腰打褶位置不變腰圍，臀圍放
　　大2"是(B)版尺寸再放大，以此類推。

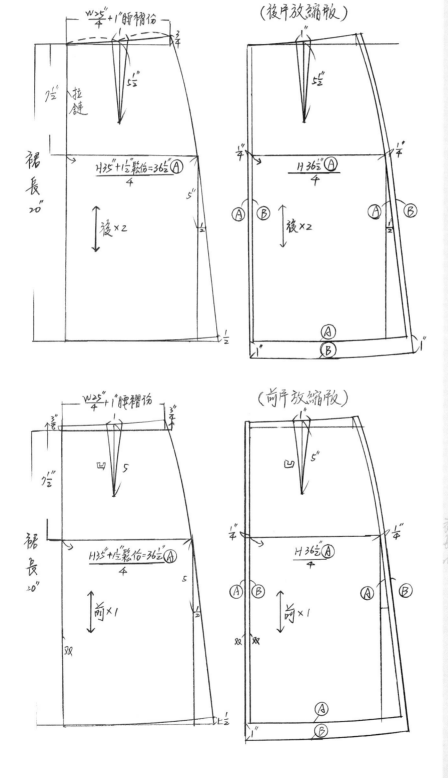

（後片放縮版）

（前片放縮版）

兩片A姿裙

假設尺寸

(A)‧(B)

腰圍25"‧27"（W）

臀圍35"‧37"（H）

裙長20"‧21"（L）

兩片高腰窄裙

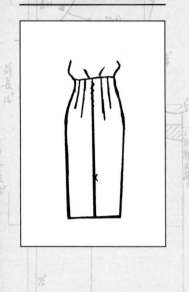

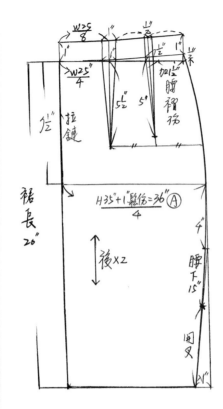

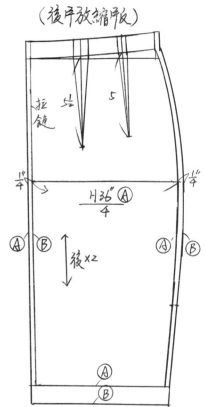

（後片放縮版）

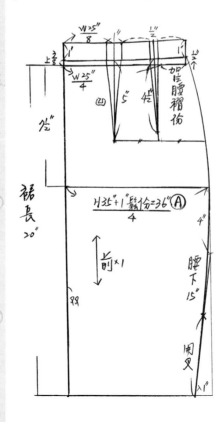

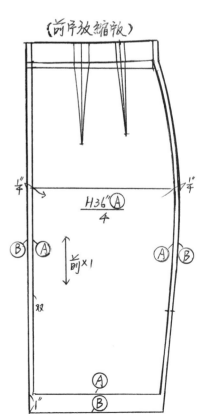

（前片放縮版）

假設尺寸

（A）・（B）

腰圍25"・27"（W）

臀圍35"・37"（H）

裙長20"・21"（L）

重點說明

(1) 半斜裙畫A姿裙把腰打褶去掉展開下擺波浪。

(2) 先畫(A)版尺寸因腰打褶去掉車沒腰褶所以在前後中心放大1/2"是(B)版尺寸,再放大以此類推。

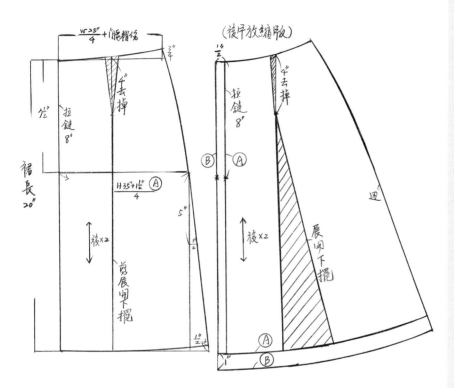

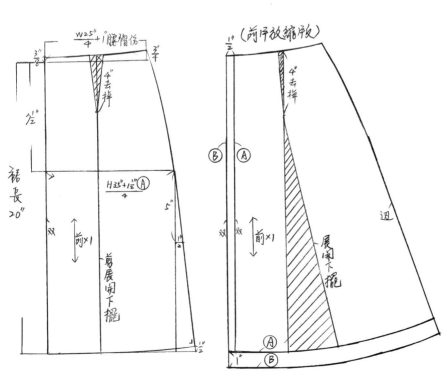

半斜裙

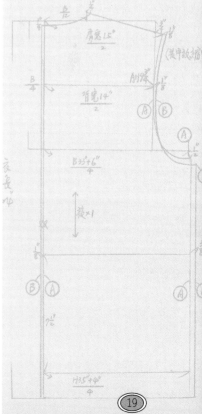

假設尺寸

(A) · (B)
腰圍25" · 27"(W)
臀圍35" · 37"(H)
裙長20" · 21"(L)

半斜裙變化螺旋裙

假設尺寸

(A) ・ (B)
腰圍25" ・ 27"（W）
臀圍35" ・ 37"（H）
裙長20" ・ 21"（L）

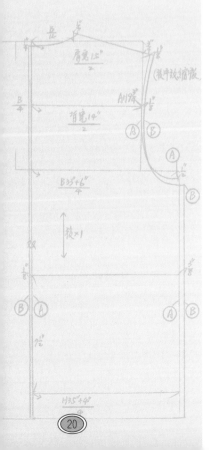

重點說明

(1) 螺旋裙用半斜裙展開1/2片，分四等份先畫(1)線的弧度，再畫(2)線的弧度，這版子1/8片。

(2) 把1/8版片剪開下擺展開波浪是(A)版，在兩旁放大1/8"就放大2"是(B)版再放大以此類推。

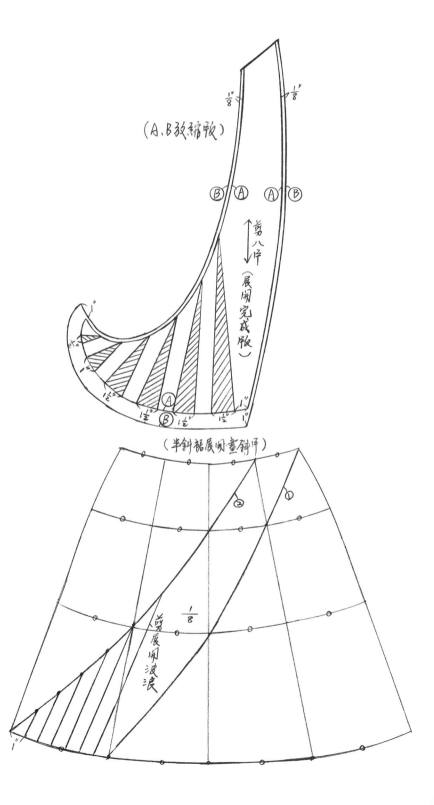

重點說明

(1) 重疊A姿裙前片要展開畫因左右兩片下擺不一樣。

(2) 左右兩片在腰打褶位置重疊先畫(A)尺寸在兩旁放大1/2"是(B)尺寸，因左右
　　重疊要把左右兩片版分開。

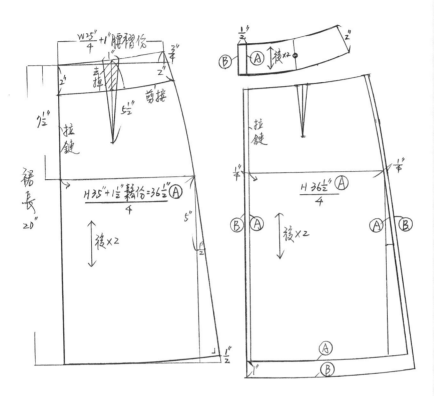

(前片放縮版)

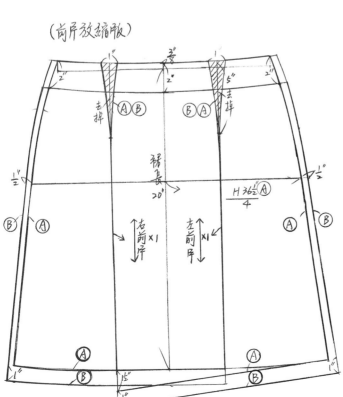

低腰剪接重疊A姿裙

假設尺寸

(A)・(B)

腰圍25"・27"(W)

臀圍35"・37"(H)

裙長20"・21"(L)

低腰剪接重疊A姿裙

假設尺寸

(A)・(B)

腰圍25"・27"(W)

臀圍35"・37"(H)

裙長20"・21"(L)

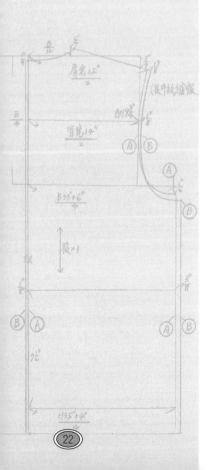

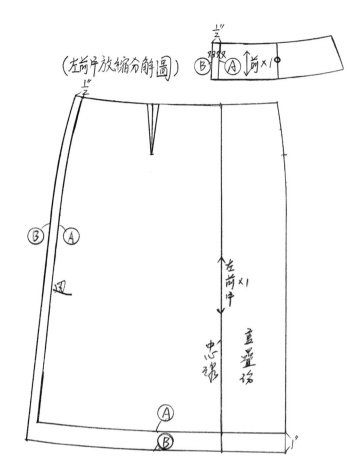

（左前片放縮分解圖）

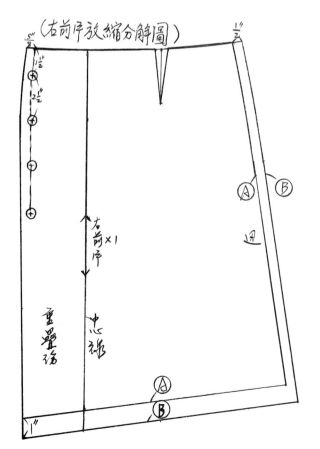

（右前片放縮分解圖）

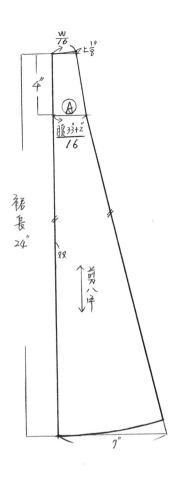

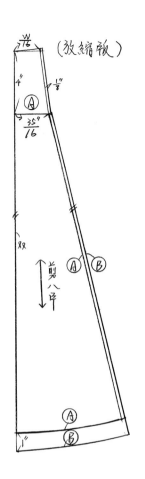

（放縮版）

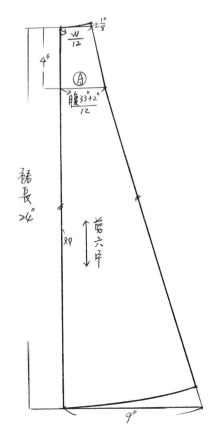

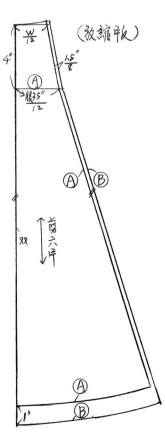

（放縮版）

八片裙

假設尺寸

(A)‧(B)

腰圍25"‧27"(W)

腹圍33"‧35"

臀圍35"‧37"(H)

裙長24"‧25"(L)

六片裙

假設尺寸

(A)‧(B)

腰圍25"‧27"(W)

腹圍33"‧35"

臀圍35"‧37"(H)

裙長24"‧25"(L)

斜　裙

假設尺寸

(A)・(B)

腰圍25"・27"(W)

裙長20"・20"(L)

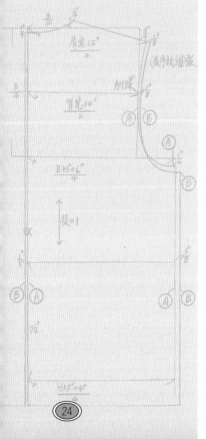

重點說明

(1) 斜裙前後腰是半圓周，用半徑求半圓周因為半圓周大約半徑的3倍所以用公式帶入W25"/3-3"/8這樣腰的尺寸就求出來。

(2) 先畫(A)版尺寸在兩旁放大1/2"是(B)版尺寸要再放大以此類推。

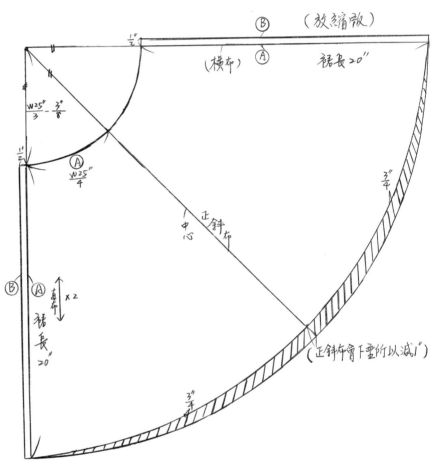

重點說明

(1) 圓裙前後腰是圓周、用半徑求圓周，因為圓周大約半徑的6倍所以用公式帶入W25"/6-1/4"這樣腰的尺寸就求出來。

(2) 先畫(A)版尺寸在兩旁放大1/4"是(B)版尺寸要再放大以此類推。

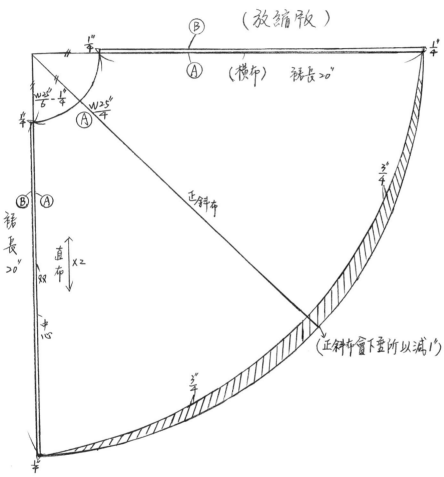

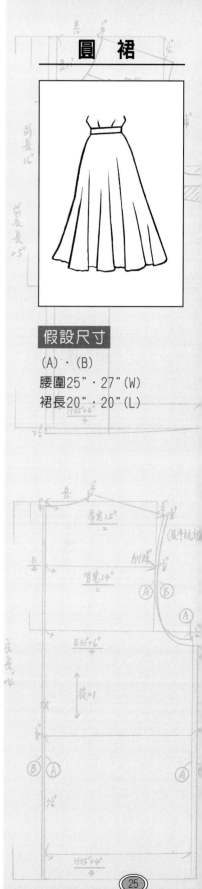

圓 裙

假設尺寸

(A)‧(B)

腰圍25"‧27"(W)

裙長20"‧20"(L)

雙向褶A姿褲裙

假設尺寸

(A)．(B)

腰圍25"．27"(W)

臀圍35"．37"(H)

裙長20"．21"(L)

股上長10 1/2"．

　　　 10 3/4"

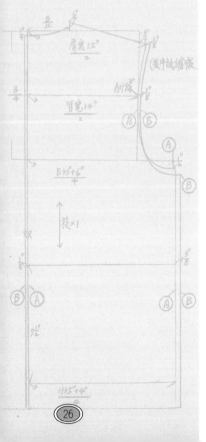

重點說明

(1) 坐椅子上面量旁邊從腰量到椅子上面是合身褲的股上長，褲裙較寬鬆，所以股上要加1 1/2"較好看，好穿。

(2) 褲裙先畫(A)版尺寸，在前後旁邊和中心放大1/4"前後褲檔要放大1/4"，前後股上長下降1/4是(B)版尺寸，要再放大以此類推。

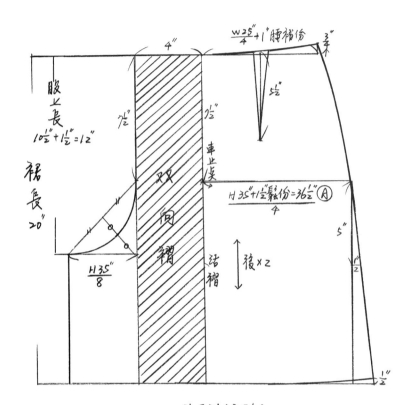

（後序放縮版）

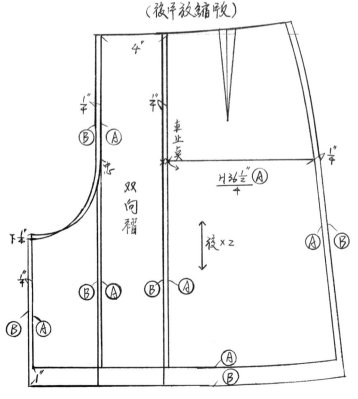

雙向褶A姿褲裙

假設尺寸

(A)・(B)

腰圍25" ・27"（W）

臀圍35" ・37"（H）

裙長20" ・21"（L）

股上長10 1/2" ・
　　　 10 3/4"

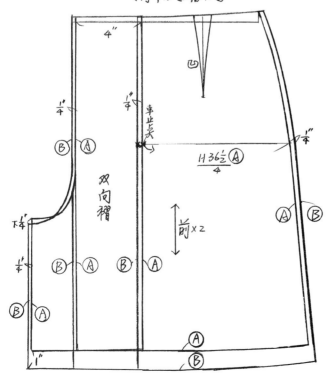

（前片放縮版）

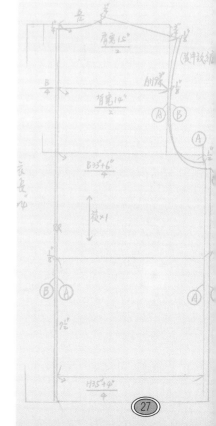

重點說明

(1) 四片褲裙先畫(A)版尺寸兩邊各放大1/4"褲裙有褲檔，所以前後股上長下降1/4是(B)版尺寸，要再放大以此類推。

四片褲裙

假設尺寸

(A)．(B)

腰圍25"．27"(W)

腹圍33"．35"

臀圍35"．37"(H)

裙長20"．21"(L)

股上長10 1/2"．
　　　10 3/4"

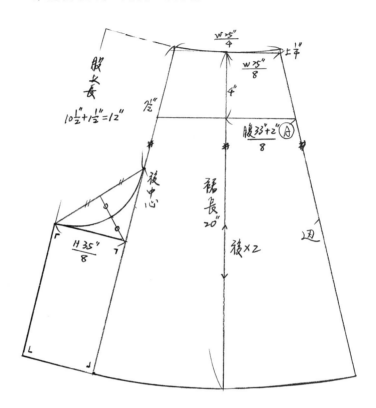

（後片放縮版）

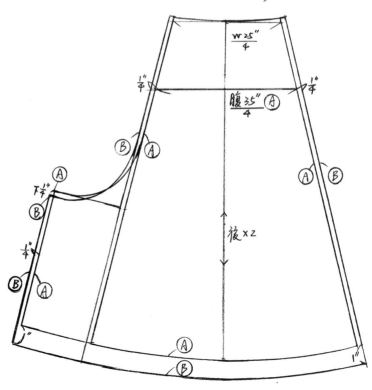

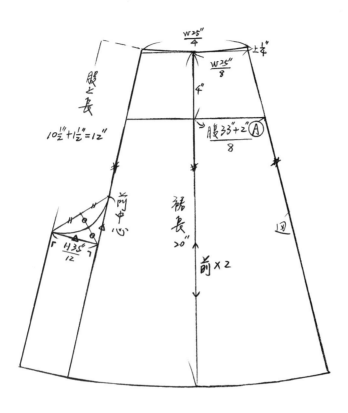

（前中放縮版）

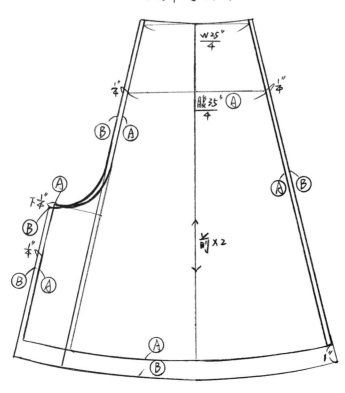

四片褲裙

假設尺寸

（A）·（B）
腰圍25"·27"（W）
腹圍33"·35"
臀圍35"·37"（H）
裙長20"·21"（L）
股上長10 1/2"·
　　　10 3/4"

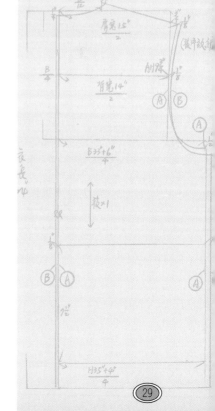

半斜褲裙

假設尺寸

(A)‧(B)

腰圍25"‧27"(W)

臀圍35"‧37"(H)

裙長20"‧21"(L)

股上長10 1/2"‧

　　　10 3/4"

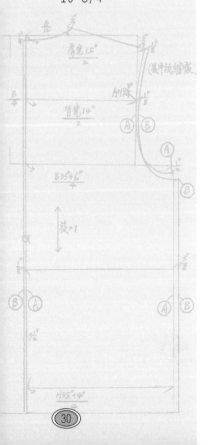

(1)半斜褲裙因腰打褶去掉，不車腰褶份，所以前後旁邊放大1/2"前後褲檔放大
　　1/4"股上長下降1/4"是(B)版尺寸，要再放大以此類推。

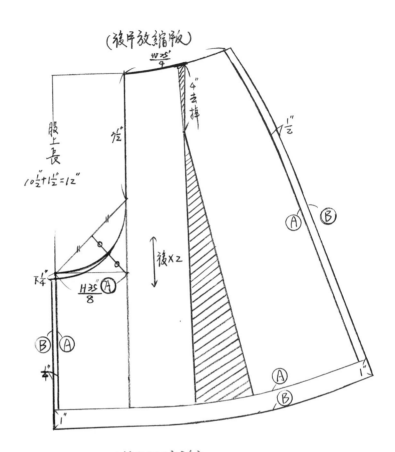

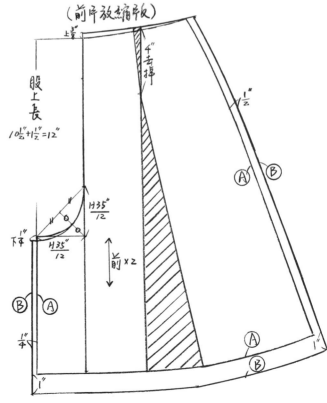

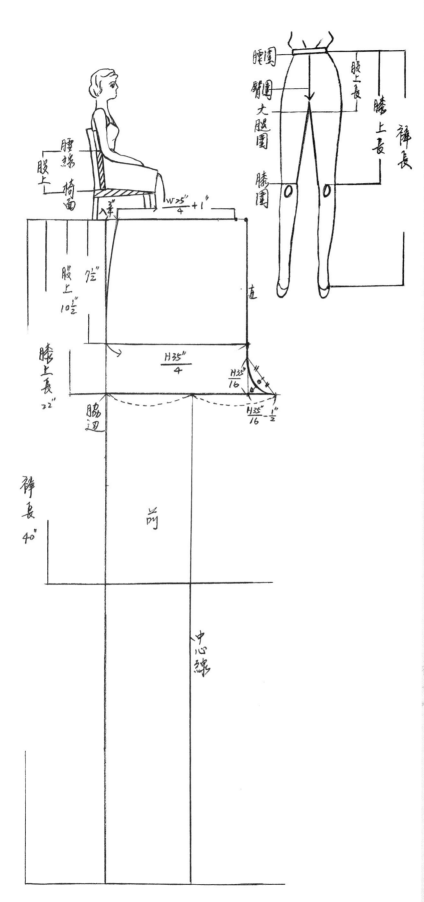

基本長褲

(1) 量褲長量協邊從腰量到腳邊凸骨頭下面。

(2) 膝上長從腰到膝骨上面。

(3) 膝圍量膝骨一週量合身加鬆份。
AB褲合身膝圍加3"鬆份
打褶褲加5""鬆份
緊身褲有彈性減1"

(4) 量股上長坐在椅子上面量協邊從腰量到椅子上面。

(5) 大腿圍量合身加2"～3"鬆份，前後片畫好前後尺寸加起來太大或太小，可在後片加大或減少。

(6) 畫褲子從前片先畫再順著前片協邊畫後面。

(7) 畫長褲先畫褲長取腰線臀圍線，股上線，膝圍線、褲口線共5條位置，先開始畫臀圍尺寸、垂直到腰再畫前檔，把前檔和協邊長分一半就是褲子前中心線。

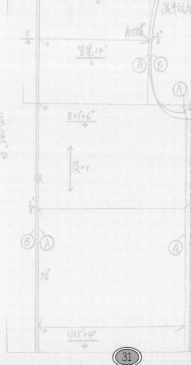

基本長褲

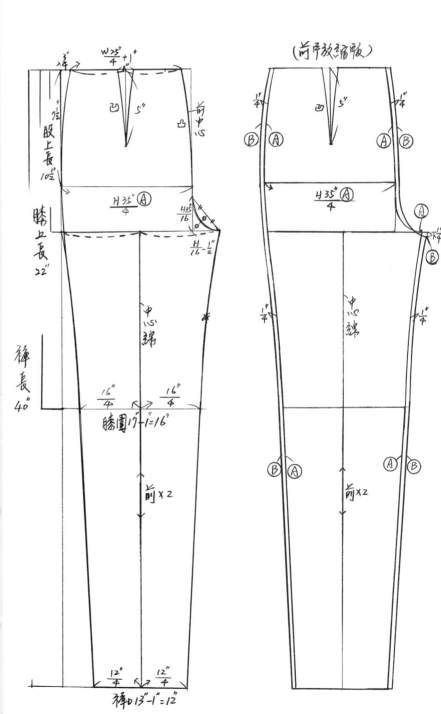

假設尺寸

(A)・(B)

腰圍25"・27"(W)

臀圍35"・37"(H)

褲長40"・40"(L)

股上長10 1/2"・

　　　10 3/4"

膝上長22"・22"

膝圍17"・18"

褲口13"・14"

重點說明

(1) 畫長褲從前片先畫因為膝圍和褲口後片比前片多1吋所以前片把膝圍和褲口尺寸減1吋留到後片，前片以中心線膝圍和褲口分四等份。

(2) 長褲畫(A)版尺寸，在腰臀、膝圍和褲口各放大1/4"前褲檔下降1/4"是(B)版尺寸，再放大以此類推。

$\dfrac{W\,25"}{4}+1"$

凹　5"

前中心

$\dfrac{H\,35"}{4}$ Ⓐ

$\dfrac{H\,35"}{16}$

$\dfrac{H}{16}-\dfrac{1}{2}"$

股上長 $10\frac{1}{2}"$

膝上長 22"

中心線

$\dfrac{16"}{4}$　$\dfrac{16"}{4}$

膝圍17"-1"=16"

前 x 2

褲長 40"

$\dfrac{12"}{4}$　$\dfrac{12"}{4}$

褲口13"-1"=12"

(前片放縮版)

$\dfrac{1}{4}"$　$\dfrac{1}{4}"$

四　5"

Ⓑ Ⓐ　　Ⓐ Ⓑ

$\dfrac{H\,35"}{4}$ Ⓐ

Ⓐ

$\dfrac{1}{4}"$

Ⓑ

$\dfrac{1}{4}"$　中心線　$\dfrac{1}{4}"$

Ⓑ Ⓐ　　Ⓐ Ⓑ

前 x 2

重點說明

(1) 前片畫好，照前片旁邊的弧度畫後片，把腰線，臀圍線，股上線，膝圍線，褲口線畫出從旁邊箭頭記號算尺寸，畫膝圍和褲口各加1吋。

(2) 後片(A)版畫好，在腰、臀、後中心，膝圍和褲口放大1/4"後褲檔下降1/4"。

基本長褲

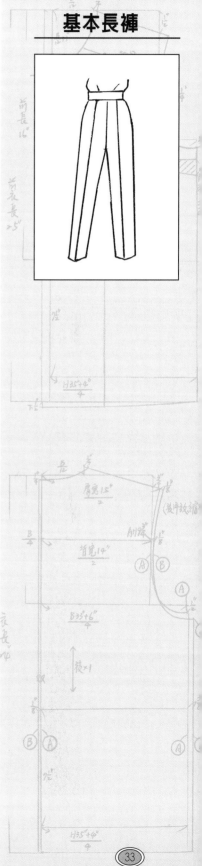

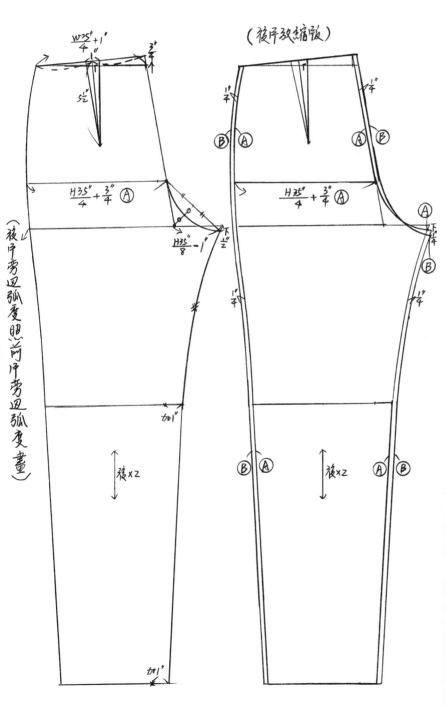

(後片放縮版)

(後片旁邊弧度照前片旁邊弧度畫)

$\frac{W35"}{4}+1"$

$\frac{H35"}{4}+\frac{3"}{4}$ Ⓐ

$\frac{H35"}{8}-1"$

後×2

加1"

切低腰喇叭褲

假設尺寸

(A)・(B)

腰圍25"・27"(W)

臀圍35"・37"(H)

褲長40"・40"(L)

股上長10 1/2"・
　　　10 3/4"

膝上長22"・22"

膝圍16"・17"

褲口20"・21"

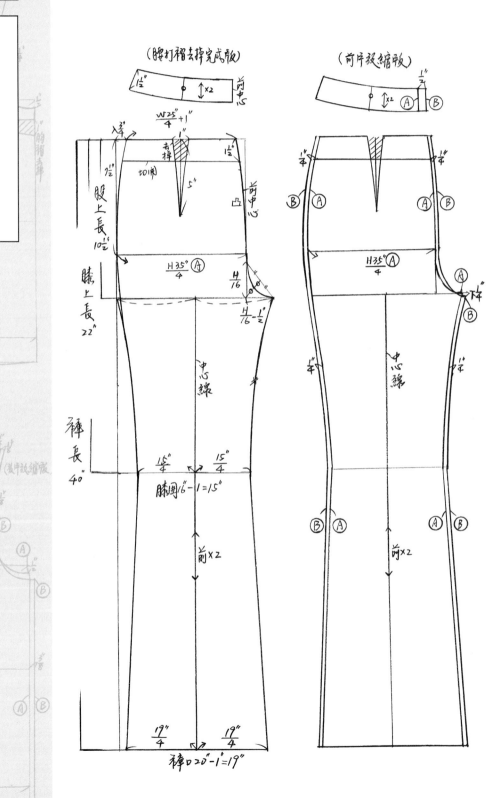

切低腰喇叭褲

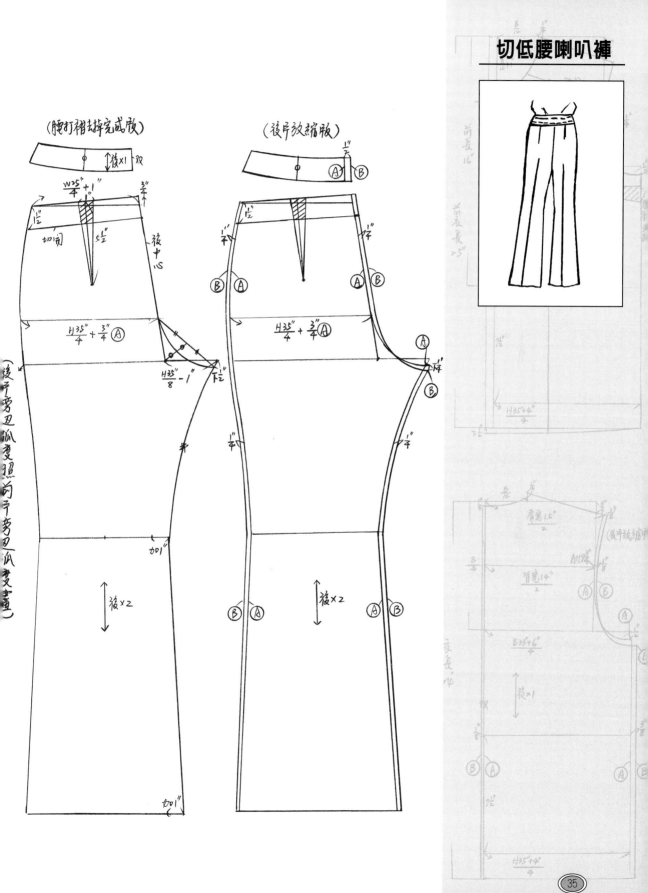

(腰打褶掉完成版)

後×1 雙

$\frac{W35''}{4}+1''$ $\frac{3''}{4}$

切開 $5\frac{1}{2}$

後中心

$\frac{H35''}{4}+\frac{3''}{4}$ Ⓐ

$\frac{H35''}{8}-1''$ $1\frac{1}{2}$

切開

後×2

(後片剪邊弧變照前片剪邊弧變畫)

(後片放縮版)

$1''$ Ⓐ Ⓑ

$1\frac{1}{2}$

Ⓑ Ⓐ   Ⓐ Ⓑ

$\frac{H35''}{4}+\frac{3''}{4}$ Ⓐ

Ⓐ

Ⓑ

後×2

Ⓑ Ⓐ   Ⓐ Ⓑ

打活褶長褲

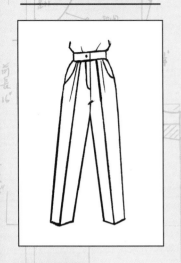

假設尺寸

(A)．(B)

腰圍25"．27"（W）

臀圍35"．37"（H）

褲長40"．40"（L）

股上長10 1/2"．
　　　　10 3/4"

膝上長22"．22"

膝圍19"．20"

褲口17"．18"

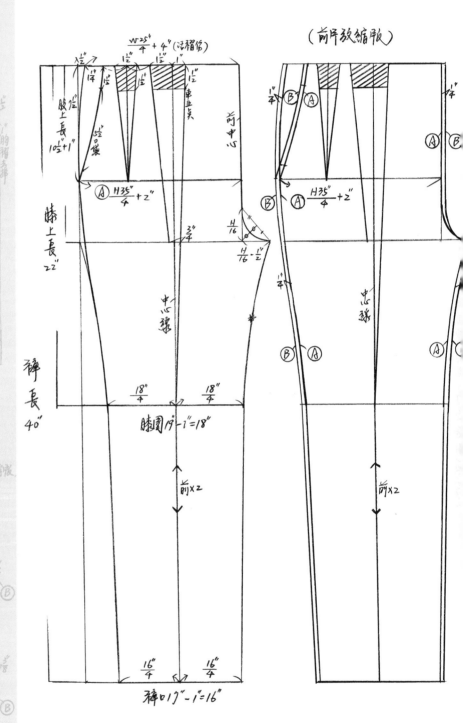

打活褶長褲

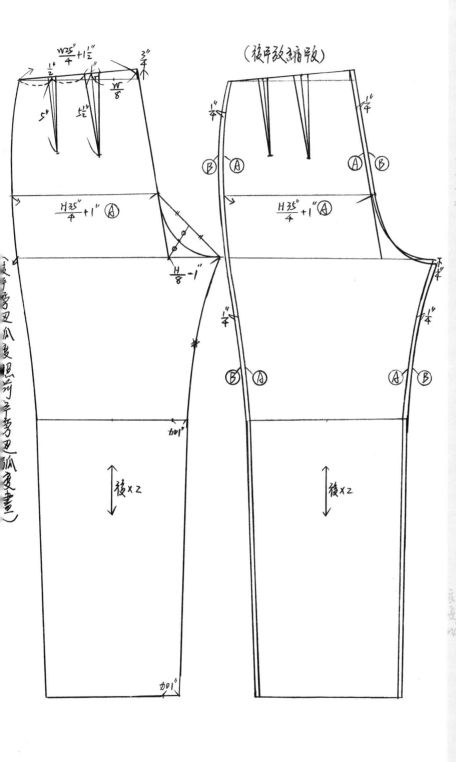

(後平放縮版)

$$\frac{W35"}{4}+1\frac{1}{2}"$$

$$\frac{H35"}{4}+1" \ (A)$$

$$\frac{H}{8}-1"$$

後×2

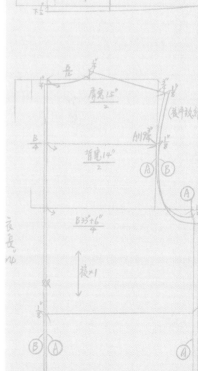

大喇叭褲

假設尺寸

（A）・（B）

腰圍25"・27"（W）

臀圍35"・37"（H）

褲長40"・40"（L）

股上長10 1/2"・
　　　10 3/4"

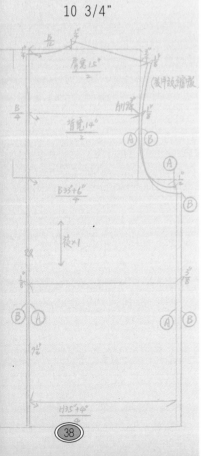

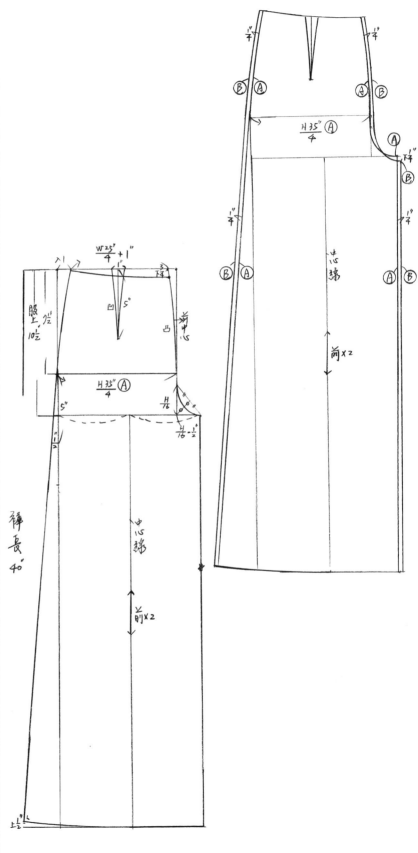

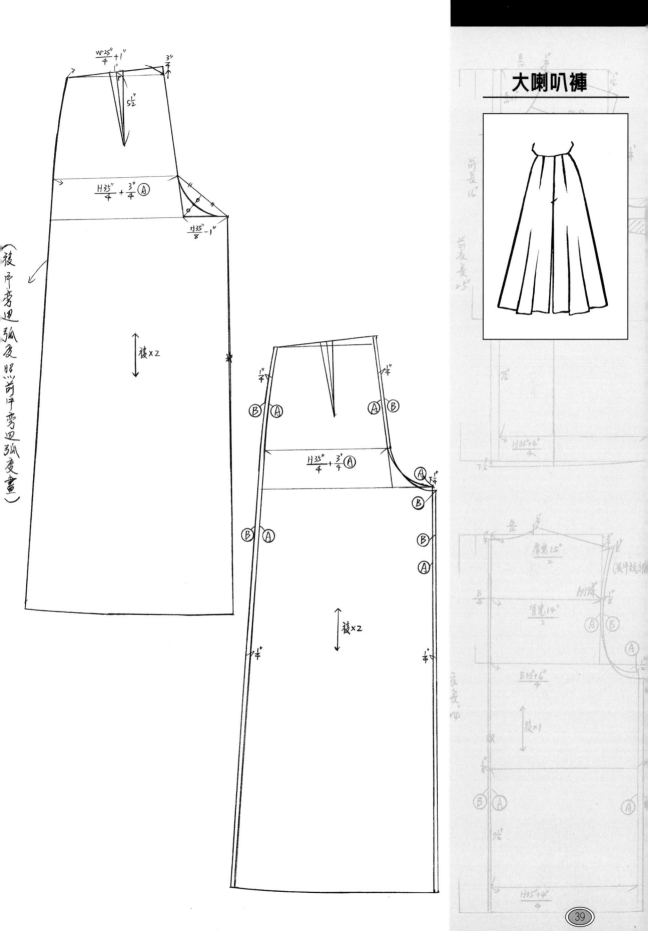

大喇叭褲

$$\frac{W25''}{4}+1''$$

$$3''$$

$$5\frac{1}{2}''$$

$$\frac{H35''}{4}+\frac{3''}{4} \text{ Ⓐ}$$

$$\frac{H35''}{8}-1''$$

後x2

（後序旁邊弧度照前序旁邊弧度畫）

$$\frac{H35''}{4}+\frac{3''}{4} \text{ Ⓐ}$$

後x2

短　褲

假設尺寸

（A）‧（B）

腰圍25〞‧27〞（W）

臀圍35〞‧37〞（H）

褲長18〞‧18〞（L）

股上長10 1/2〞‧
　　　　10 3/4〞

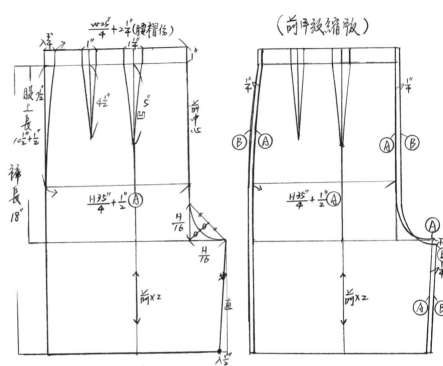

（前序放縮版）

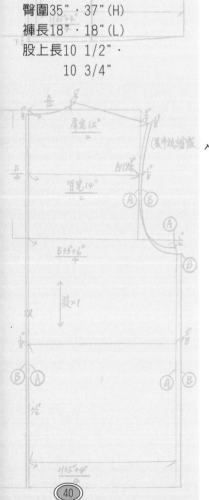

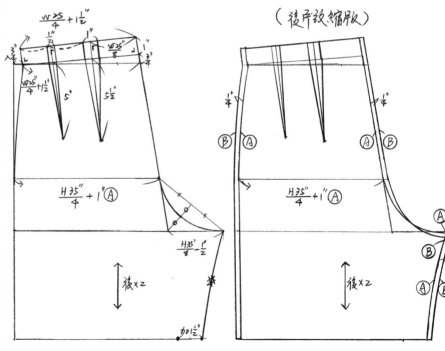

（後序放縮版）

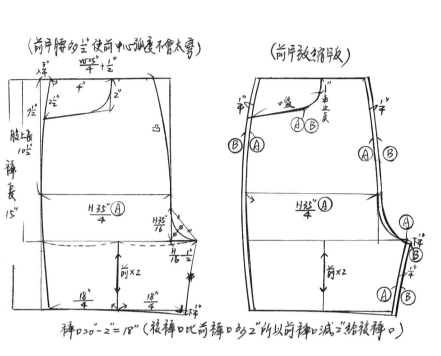

（前片腰多½" 使前中心弧度不會太彎）

（前片放縮版）

$\frac{W25"}{4}+1\frac{1}{2}$

$\frac{H35"}{4}$(A)

$\frac{H35}{16}$

$\frac{H}{15}-\frac{1}{2}$

前×2

$\frac{18"}{4}$　$\frac{18"}{4}$

股上長10½"

褲長15"

褲口20"-2"=18"（後褲口比前褲口多2"所以前褲口減2"結後褲口）

$\frac{H35"}{4}$(A)

前×2

（前片腰多½"所以後片腰減½"腰尺才夠）

（後片放縮版）

$\frac{W25"}{4}+1"-\frac{1}{2}$

5½"

$\frac{H35"}{4}+\frac{1}{2}"$(A)

$\frac{H}{8}-1"$

後×2

2"

$\frac{H35"}{4}+\frac{1}{2}"$(A)

後×2

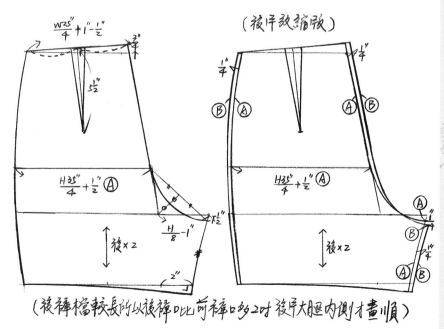

（後褲襠較長所以後褲口比前褲口多2吋 後片大腿內側才畫順）

熱　褲

假設尺寸

（A）・（B）

腰圍25"・27"（W）

臀圍35"・37"（H）

褲長15"・15"（L）

股上長10 1/2"・
　　　　10 3/4"

褲口20"・21"

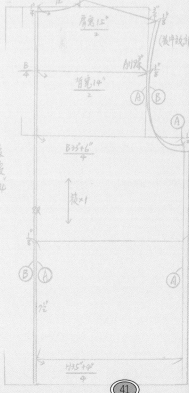

認識原型位置與名稱

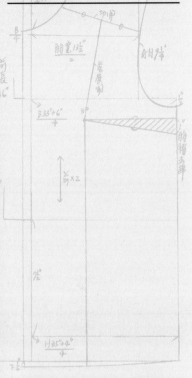

婦女基本原型圖

假設尺寸

(A)．(B)
肩寬15"．15 1/2"
背長15"．15 1/2"
背寬14"．14 1/2"
胸圍33"．35"(B)
腰圍25"．27"(W)

重點說明

(1) 基本原型打版是根據人體的比率分配法研究出來，用免算角尺，簡單容易學。

(2) 畫版子左右對稱所以前後中心取雙畫一半。

(3) 肩寬量直線所以除2，胸圍量圓周，有前後片再除2等於除4。

(4) 畫版子先畫後片再畫前片，畫後片先畫背長長度，再畫胸圍線，背寬線位置。

(5) 畫好位置求胸圍量合身尺寸不管胖瘦，固定洋裝無袖加2"鬆份除4"。

(6) 再求背寬尺寸除2，求領口B/12畫肩線求肩寬除2，從肩點經背寬尺寸用畫袖圈的曲尺畫彎度。

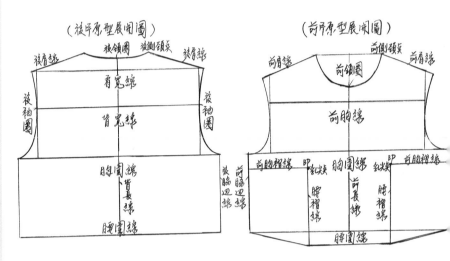

（後片原型展開圖）　　　（前片原型展開圖）

重點說明

(1) 後片先畫(A)版尺寸在後中心和肩、背寬，放大1/8"胸和腰放大3/8"，腋下袖圈下降1/2"背長加1/2"是(B)版尺寸。

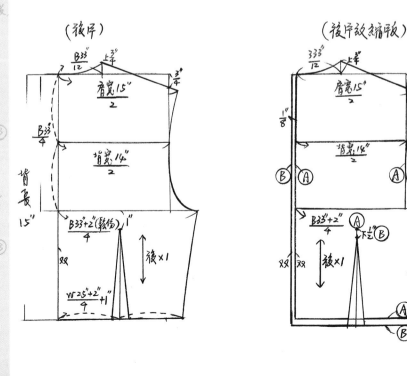

（後片）　　　（後片放縮版）

重點說明

(1)量前長從前側頸點經過BP點(胸部最高處)到腰的長度。

(2)前長取好再畫胸圍線,胸寬線,肩線,前肩線要和後肩線等長。

(3)從前肩點經胸寬線用畫袖圈的曲尺畫袖圈的彎度。

(4)原型後肩下3/4"前下下1 1/2"後肩比前肩多提高3/4"因體型背部有點弧度,所以後肩多提高3/4"肩線才不會往後拉。

(5)原型製圖後肩比前肩多提高3/4",但因前胸寬比後背寬小,前袖圈弧度較彎袖圈會長一點,所以準確量,後袖圈比前袖圈多1/2"。

(6)現在把基本原型當無袖,一件衣服量身量胸圍多少就可計算前後袖圈多少。

(7)計算袖圈尺寸法:

    1.量合身胸圍尺寸一半就是無袖袖圈。

    2.例:B33"/2=16 1/2"(無袖袖圈)因袖圈有前後再除2等於除4 B33"/4=8.1/4"後袖圈比前袖圈多1/2"所以8 1/4"-1/4"=8"前袖圈(小)8 1/4"+1/4"=8 1/2後袖圈(大1/2")。

(8)無袖袖圈假如胸圍較大38"以上要從肩骨點經腋下繞一圈量合身加2"鬆份。

(9)前長比背長多1吋因前片有胸部前旁邊多1吋就是要車胸褶,胸褶去掉和後片旁邊才等長,前中心才不會太短。

重點說明

(1)前片先畫(A)版尺寸在前中心,肩,胸寬放大1/8"胸、腰放大3/8"腋下袖圈下降1/2",前長加1/2"是(B)版尺寸。

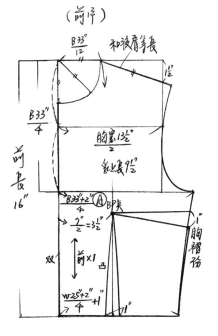

(前片)

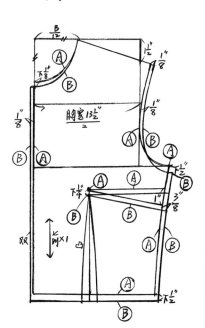

(前片放縮版)

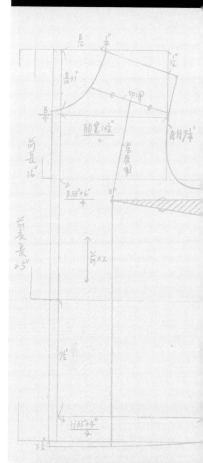

婦女基本原型圖

假設尺寸

	(A)	(B)
肩寬	15"	15 1/2"
前長	16"	16 1/2"
胸寬	13 1/2"	14"
胸圍	33"	35"(B)
乳上長	9 1/2"	9 3/4"(BP長)
乳間	7"	7 1/4"(BP寬)
腰圍	25"	27"(W)

胸褶展移變化方法

(1) 婦女體型前面有胸部所以前長多1吋是胸部打褶份因為基本原型胸褶份是水平線太呆版才把胸褶移到下3"位置有斜度較好看。

(2) 胸褶去掉展開旁邊的位置車胸褶要從BP點下3/4"腰褶從BP點下3/4"。

（胸褶展移旁邊的變化） （前片放縮版）

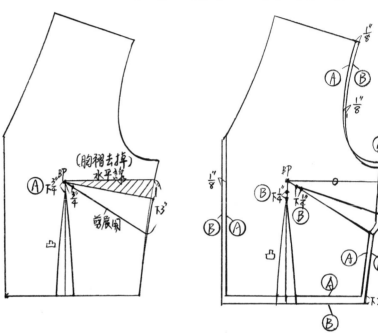

重點說明

(1) 這圖是把胸部打褶份去掉展移到胸圍線上2"袖圈位置。

(2) 展移袖圈車袖圈褶要從BP點上3/4"腰褶從BP點下3/4"。

（胸褶展移袖圈的變化） （前片放縮版）

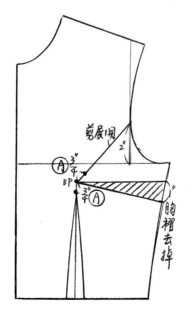

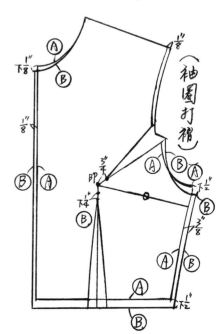

重點說明

(1)胸部打褶去掉展移肩巾的位置。

(2)展移肩巾要車肩褶要從BP點上3/4"腰褶從BP點下3/4"。

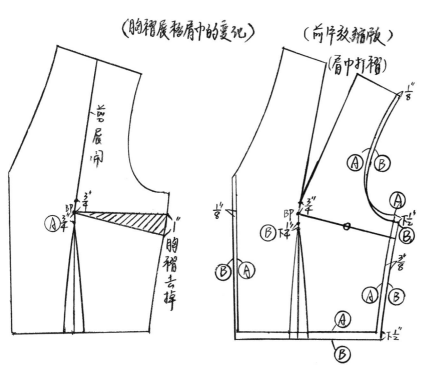

（胸褶展移肩巾的變化）　（前片放縮版）
（肩巾打褶）

重點說明

(1)胸褶去掉展移領口位置。

(2)展移領口要車領褶要從BP點上3/4"腰褶從BP點下3/4"。

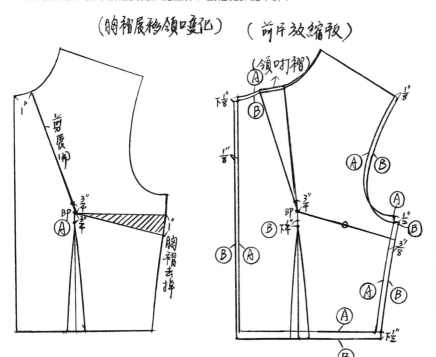

（胸褶展移領口變化）　（前片放縮版）
（領叮褶）

重點說明

(1) 胸部打褶去掉展移腰的位置和腰褶車一起。

(2) 展開到腰車腰褶從BP點下3/4"。

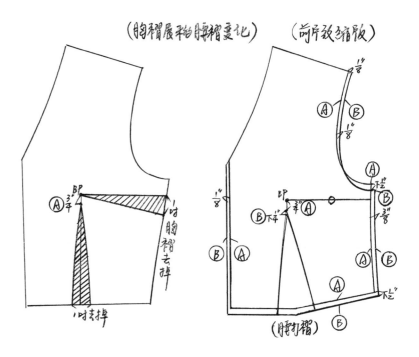

（胸褶展平的腰褶變化）　（前片放縮版）

重點說明

(1) 腰褶和胸褶去掉展開到前中心腰的位置。

(2) 展開到前中心腰褶和胸褶一起車褶從BP點下3/4"。

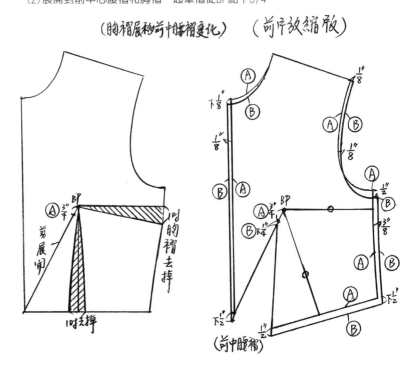

（胸褶展移前中腰褶變化）　（前片放縮版）

重點說明

(1) 胸褶和腰褶去掉展開到前中心BP點水平線的位置。

(2) 展開到前中心不車褶利用展開份車縮細褶。

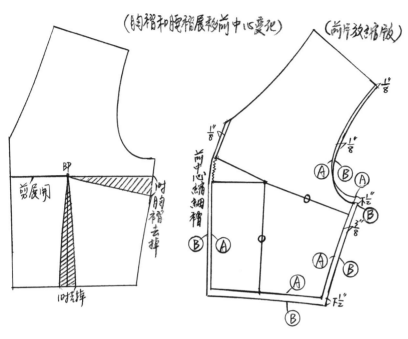

重點說明

(1) 切圓型公主線把畫線的位置剪開腰褶和胸褶去掉。

(2) 切成二片旁邊片胸褶去掉成平面胸褶展移袖圈。

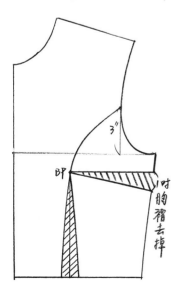
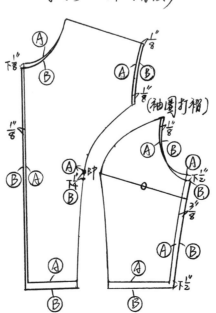
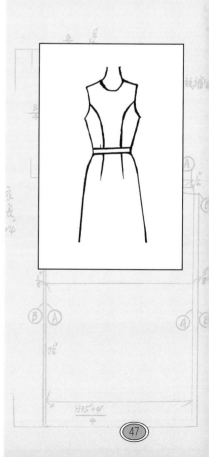

基本原型袖（洋裝袖）

(1) 量上臂圍從肩骨點往下6"位置上手臂最粗處量合身洋裝袖上臂圍加3"鬆份。

(2) 開始畫袖先畫袖長再畫上臂圍寬成長方形找中心平分前後袖圈尺寸。

(3) 計算有袖前後袖圈尺寸：洋裝有袖胸圍量合身加鬆份除2是袖圈，袖圈有前後片所以再除2等於除4。例B33"+3"/4=9"因後袖圈比前袖圈多1/2"所以9"−1/4"=8 3/4"前袖圈(小)9"+1/4"=9 1/4"後袖圈(大1/2")。

(4) 畫袖子不用求袖山，只要有袖圈和上臂圍的尺寸就可畫袖子。

(5) 畫袖子袖圈尺寸平分前後片有中心線因後袖圈比前袖圈多1/2"所以肩點要往前袖頭1/4"。

(6) 畫袖子中心取雙畫一半先畫後片兩層一起剪展開在任何一邊兩條線交叉點入3/8"，畫弧度，減掉就是前片。

(7) B33"+3"/2=18"(AH)袖圈，上臂圍量合身10"+3"=13"(BC)

假設尺寸

(A)．(B)

袖長9"．10"

袖口12"．13"

袖圈18"．19(AH)

上臂圍13"．14"(BC)

(1) 基本袖先畫(A)版，在袖頭加高加寬1/4"上臂圍左右各放大1/2"是(B)版尺寸，要再放大以此類推

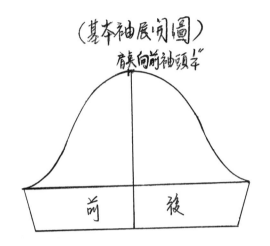

（基本袖展開圖）

肩長向前袖頭1/4"

前　後

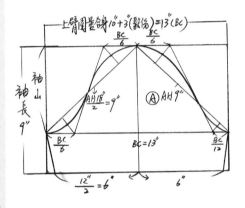

（基本原型袖畫一半的製圖）

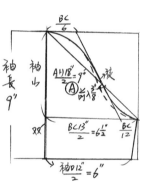

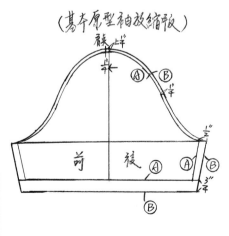

（基本原型袖放縮版）

前　後

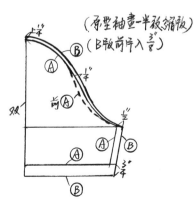

（原型袖畫一半放縮版）

（B版前片入3/8"）

重點說明

(1) 袖頭打褶從袖頭中心點剪直角往BC線剪再展開袖頭3"中心往前袖圈1/4"肩點處再取左右袖頭各2個3/4"褶面和2個3/4"褶底。

(2) 袖頭打褶不墊肩時前後身片肩寬要入1/2"(削肩)。

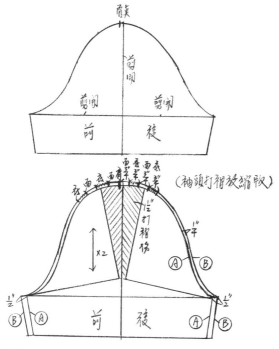

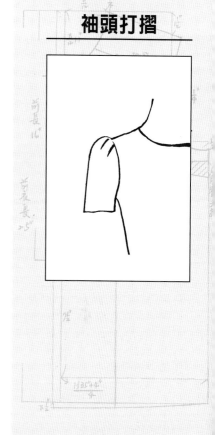

袖頭打摺

重點說明

(1) 袖口打褶把原型袖分八份從袖口剪到袖頭展開袖口平均每份1/2"細褶份在袖口中心點下1"加長,細褶縮好袖中心才不會太短。

(2) 袖口接布或滾邊車鬆緊帶都可以接布,滾邊要量袖口合身假設9"+2"(鬆份)=11"。

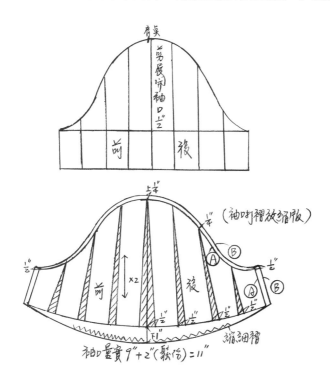

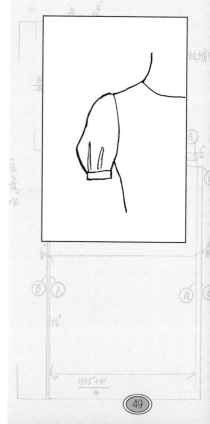

袖口喇叭

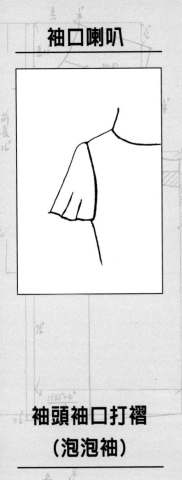

袖頭袖口打褶
（泡泡袖）

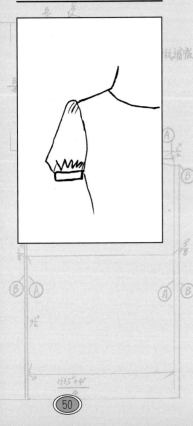

重點說明

(1) 袖口喇叭在袖口腋下邊上1"袖口前中心才不會太短。

(2) 袖口喇叭用斜布波浪較自然好看。

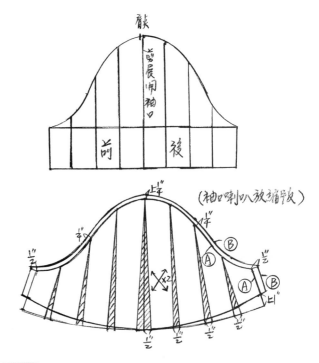

（袖口喇叭放縮版）

重點說明

(1) 泡泡袖打褶把袖子從中心剪展開4"打褶份在袖頭和袖口各加長1吋縮細褶才好看。

(2) 袖口接布或滾斜布條要量袖口合身假定9"+2"(鬆份)=11"。

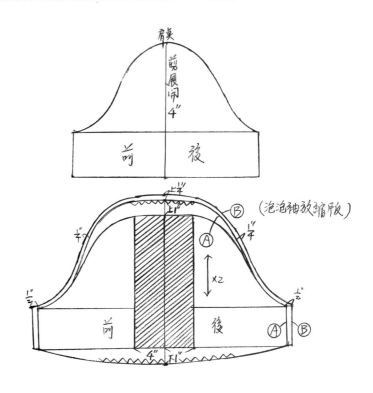

（泡泡袖放縮版）

重點說明

(1) 單穿上衣屬於夏天單穿或小外套，秋冬單穿。

(2) 單穿上衣胸圍合身33"+5"(鬆份)是38"一半19"是袖圈。(要合身點袖圈尺寸可減少1/2"是18 1/2"(AH)

(3) 單穿上衣上臂圍實10"+3 1/2"鬆份)=13 1/2"(BC)

單穿上衣平口袖

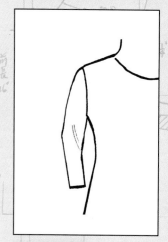

假設尺寸

(A)．(B)

袖長21"．22"

袖口9"．10"

袖圈19"．20(AH)

上臂13 1/2".14 1/2"(BC)

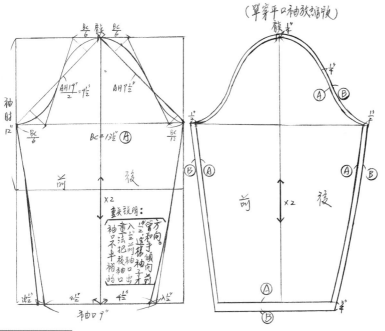

（單穿平口袖放縮版）

重點說明

(1) 外套胸圍33"+6"(鬆份)=39"胸圍39"一半19 1/2"是袖圈(AH)

(2) 上臂圍量合身10"+4"(鬆份)=14"(BC)是(A)版尺寸。

西裝外套袖

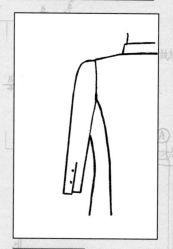

假設尺寸

(A)．(B)

袖長21"．22"

袖口9"．10"

袖圈19 1/2".20 1/2(AH)

上臂圍14"．15"(BC)

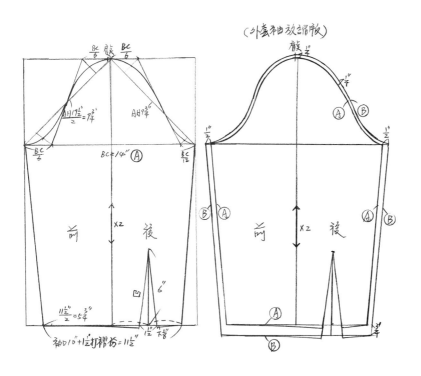

（外套袖放縮版）

襯衫袖

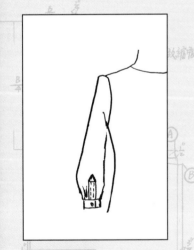

重點說明

(1) 襯衫袖胸圍實33"+6"=39"一半19 1/2"是袖圈(要合身點袖圈尺寸可少1/2"是
19"(AH)

(2) 襯衫袖上臂圍實10"+5"(鬆份)=15"(BC)

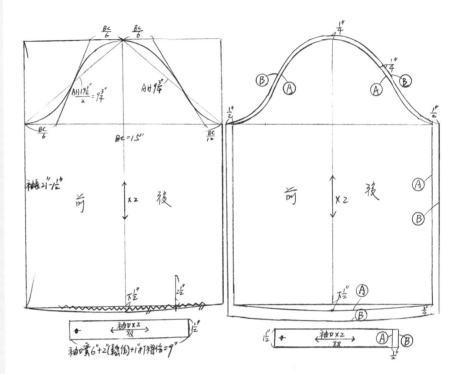

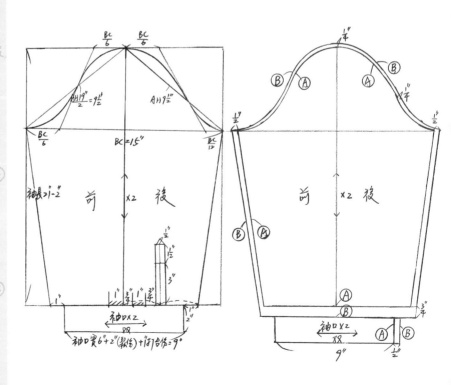

假設尺寸

(A)・(B)

袖長21"・22"

袖口8"・8 1/2"

袖圈19 1/2"・20 1/2"(AH)

上臂圍15"・16"(BC)

重點說明

(1) 要了解連肩袖的原理，可畫基本原型袖取後片袖肩點部把後袖頭離後身片肩點 3/4"是肩骨厚度，往下袖頭貼著後背寬袖圈線自然看出袖子的斜度，求出肩線 延長下來取肩點下5"直角下2"就是後袖斜度線的位置，所以這尺寸是有根據的 原理。

(2) 根據這原理用基本袖求出來的袖子較貼手臂、合身。

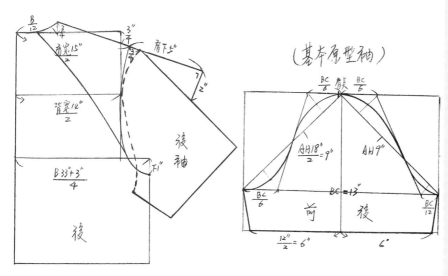

（基本原型袖）

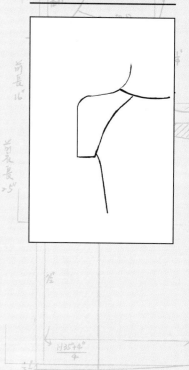

連肩袖原理解說

重點說明

(1) 這種連肩袖從肩線延長到袖子把基本原型袖擺上去，身片袖圈和袖頭中間空隙 大，活動量大，可是腋下縐褶較多，袖口傾斜往上不貼手臂屬於上臂圍較大， 袖口較大，較寬大的袖子。

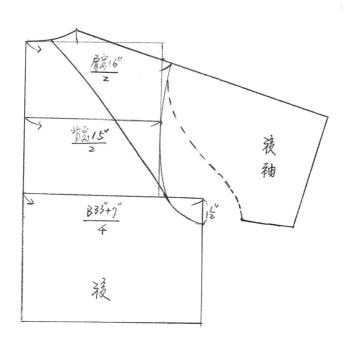

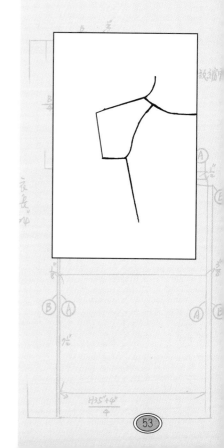

連肩袖直接畫法

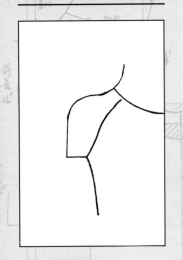

假設尺寸

(A) · (B)

肩寬15" · 15 1/2"
背寬14" · 14 1/2"
胸寬14" · 14 1/2"
背長15" · 15 1/2"
前長16" · 16 1/2"
胸圍33" · 35" (B)
袖長9" · 9 1/2"
袖口12" · 13"
上臂圍13" · 14" (BC)

重點說明

(1) 連肩袖原理了解後可直接在前後身片上畫袖子，從肩點延長5"直角下2"從肩點下3/4"畫斜線，從肩點取袖長。

(2) 因後肩線比前肩線多3/4"所以上臂圍和袖口後袖比前袖多3/4"。

(3) 取上臂圍和袖長線平行量身片腋下袖圈取4"長的弧度碰上臂圍的長度和弧度相等。

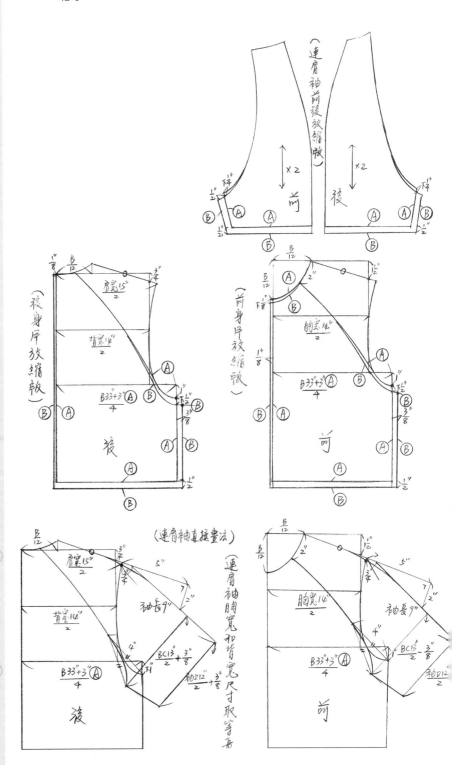

重點說明

(1) 寬型小腰身西裝外套的圍量實加7"～8"鬆份所以B33"+7=40"B，B40"一半20" 是袖圈(AH)。

(2) 外套量上臂圍實加4"(鬆份)上臂圍假設10"+4"=14"(BC)這是(A)版尺寸。

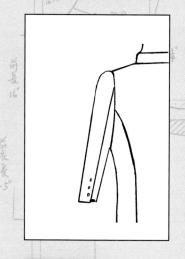

西裝外套兩片袖

假設尺寸

(A)．(B)

袖長21"．22"

袖口10"．11"

袖圈20"．21"(AH)

上臂圍14"．15"(BC)

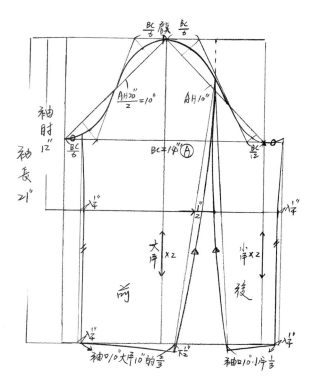

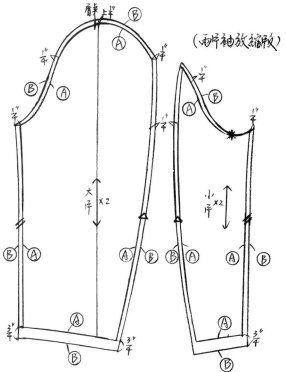

(兩片袖放縮版)

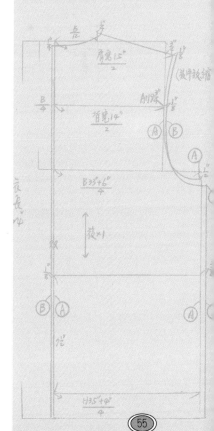

重點說明

(1) 大衣胸圍量實33"+10"(鬆份)=43"B，B43"一半21 1/2"是袖圈(AH)。

(2) 大衣量上臂圍實10"+5"(鬆份)=15"(BC)是(A)版尺寸。

大衣袖

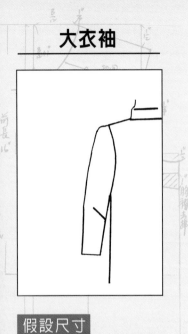

假設尺寸

(A)．(B)

袖長21"．22"

袖口11"．12"

袖圈21 1/2"．
　　　22 1/2"(AH)

上臂圍15"．16"(BC)

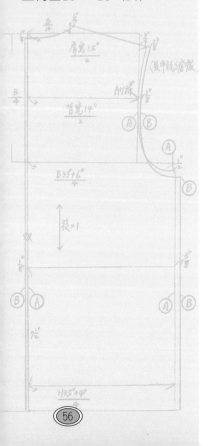

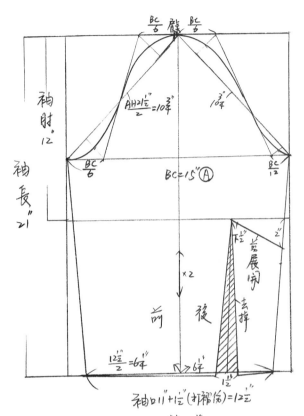

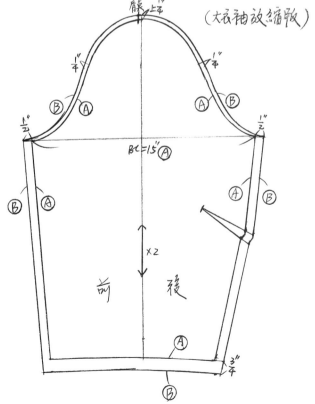

(大衣袖放縮版)

重點說明

(1) 計算無袖袖圈的方法：胸圍33"的一半是袖圈16 1/2"袖圈有前後因後袖圈比前袖圈多1/2"所以袖圈再除2是8 1/4"。

    8 1/4-1/4=8"（前袖圈）
    8 1/4+1/4=8 1/2"（後袖圈）

(2) 無袖袖圈已知尺寸各多少袖圈先畫到胸圍線用量身皮尺量看尺寸，假如太大袖圈往上提太小往下降。

(3) 較胖胸圍38"吋以上可從肩骨經腋下繞一圈量合身加2"鬆份。

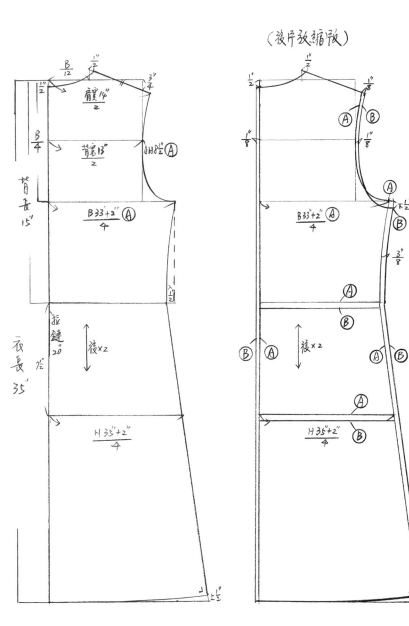

（後斤放縮版）

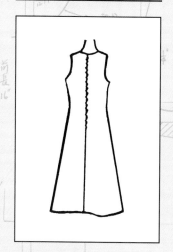

無袖洋裝

假設尺寸

(A)	·	(B)

肩寬14" · 14 1/2"
背長15" · 15 1/2"
前長16" · 16 1/2"
背寬13" · 14"
胸寬12 1/2" · 13 1/2"
乳上長9 1/2" ·
    9 3/4"（BP長）
乳間7" · 7 1/4"（BP寬）
胸圍33" · 35"（B）
腰圍25" · 27"（W）
臀圍35" · 37"（H）
袖圈16 1/2" ·
    17 1/2"（AH）

無袖洋裝

假設尺寸

(A) · (B)

肩寬14" · 14 1/2"

背長15" · 15 1/2"

前長16" · 16 1/2"

背寬13" · 14"

胸寬12 1/2" · 13 1/2"

乳上長9 1/2" ·

　　　9 3/4"(BP長)

乳間7" · 7 1/4"(BP寬)

胸圍33" · 35"(B)

腰圍25" · 27"(W)

臀圍35" · 37"(H)

袖圈16 1/2" ·

　　　17 1/2"(AH)

重點說明

(1) 前片BP點水平線有1"胸褶份用紙型可把胸褶去掉展開到水平線下3"位置較好看。

(2) 有直接畫的方法先水平線下3"畫到BP點再上1"畫到BP點下3/4"點求兩條線等長。

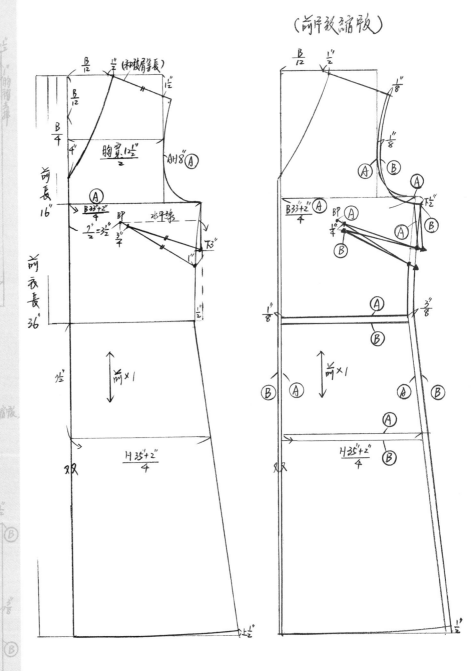

重點說明

計算有袖袖圈的方法：

(1) 袖圈是胸圍加鬆份的一半袖圈有前後片再分一半等於4。

(2) 後袖圈比前袖圈多1/2"所以胸圍33"+3"(鬆份)除4是9"。

(3) 後袖圈比前袖圈多1/2"所以9"-1/4"=8 3/4前袖圈9"+1/4"=9 1/4後袖圈。

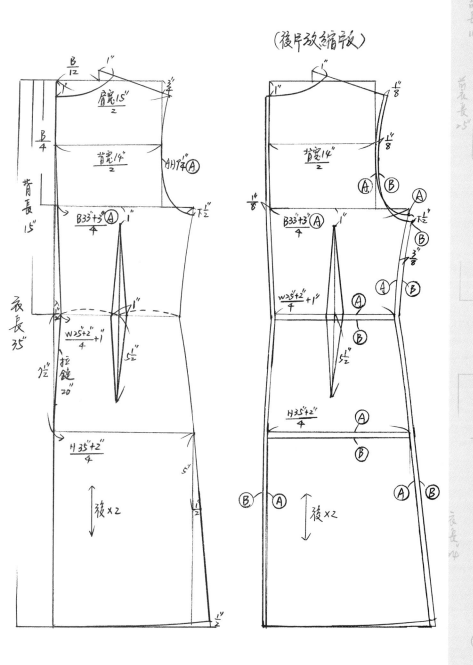

(後片放縮版)

有袖有腰洋裝

假設尺寸

(A)‧(B)

肩寬15"‧15 1/2"
背長15"‧15 1/2"
前長16"‧16 1/2"
背寬14"‧14 1/2"
胸寬13 1/2"‧14"
乳上長9 1/2"‧
　　　9 3/4"(BP長)
乳間7"‧7 1/4"(BP寬)
胸圍33"‧35"(B)
腰圍25"‧27"(W)
臀圍35"‧37"(H)
袖圈18"‧19"(AH)
上臂圍13"‧14"(BC)

有袖有腰洋裝

假設尺寸

(A) · (B)

肩寬15" · 15 1/2"

背長15" · 15 1/2"

前長16" · 16 1/2"

背寬14" · 14 1/2"

胸寬13 1/2" · 14"

乳上長9 1/2" ·

　　　9 3/4"(BP長)

乳間7" · 7 1/4"(BP寬)

胸圍33" · 35"(B)

腰圍25" · 27"(W)

臀圍35" · 37"(H)

袖圈18" · 19"(AH)

上臂圍13" · 14"(BC)

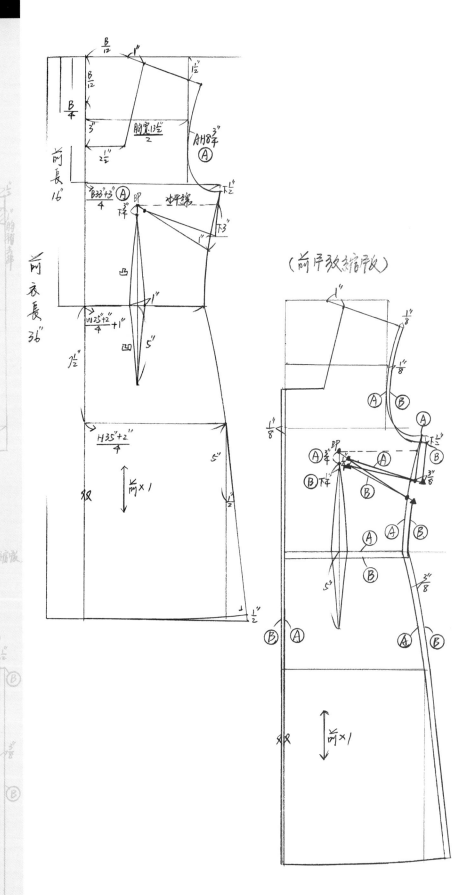

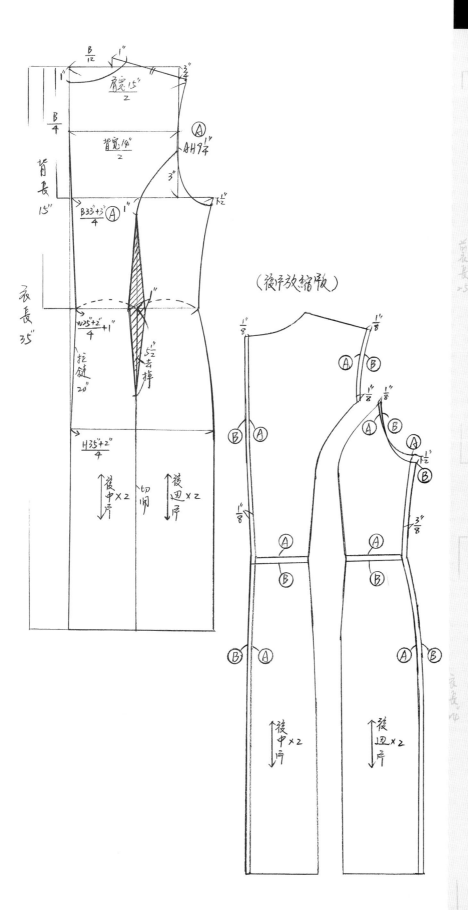

（後子放縮版）

圓型公主線洋裝

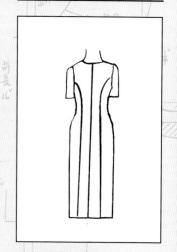

假設尺寸

(A)・(B)

肩寬15"	・15 1/2"
背長15"	・15 1/2"
前長16"	・16 1/2"
背寬14"	・14 1/2"
胸寬13 1/2"	・14"
乳上長9 1/2"	・
	9 3/4"(BP長)
乳間7"	・7 1/4"(BP寬)
胸圍33"	・35"(B)
腰圍25"	・27"(W)
臀圍35"	・37"(H)
袖圈18"	・19"(AH)
上臂圍13"	・14"(BC)

圓型公主線洋裝

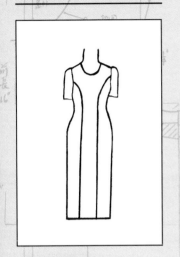

假設尺寸

(A)・(B)

肩寬15"・15 1/2"

背長15"・15 1/2"

前長16"・16 1/2"

背寬14"・14 1/2"

胸寬13 1/2"・14"

乳上長9 1/2"・

　　　　9 3/4"(BP長)

乳間7"・7 1/4"(BP寬)

胸圍33"・35"(B)

腰圍25"・27"(W)

臀圍35"・37"(H)

袖圈18"・19"(AH)

上臂圍13"・14"(BC)

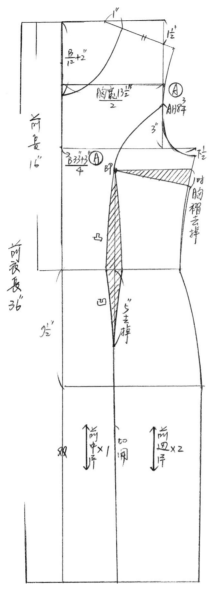

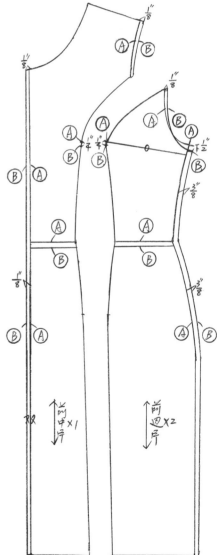

（前片胸褶去掉展開胸褶分解圖）

（前片放縮版）

重點說明

(1) 直型公主線腰打摺取到腹4"位置使下擺展開較大。

(2) 展開部份後中片，點記號連接部份還有後邊片▲記號連接部份把中間重疊部份展開下擺有波浪。

〈後片展開下擺分解圖〉

〈後片放縮版〉

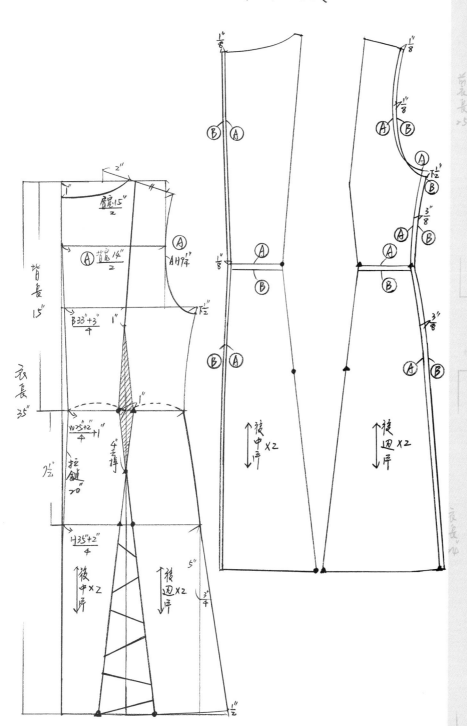

直型公主線洋裝

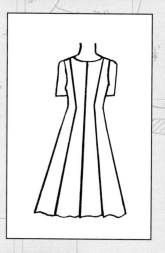

假設尺寸

(A)・(B)

肩寬15"・15 1/2"

背長15"・15 1/2"

前長16"・16 1/2"

背寬14"・14 1/2"

胸寬13 1/2"・14"

乳上長9 1/2"・
　　　 9 3/4"(BP長)

乳間7"・7 1/4"(BP寬)

胸圍33"・35"(B)

腰圍25"・27"(W)

臀圍35"・37"(H)

袖圈18"・19"(AH)

上臂圍13"・14"(BC)

直型公主線洋裝

假設尺寸

(A)・(B)

肩寬15"・15 1/2"
背長15"・15 1/2"
前長16"・16 1/2"
背寬14"・14 1/2"
胸寬13 1/2"・14"
乳上長9 1/2"・
　　　　9 3/4"(BP長)
乳間7"・7 1/4"(BP寬)
胸圍33"・35"(B)
腰圍25"・27"(W)
臀圍35"・37"(H)
袖圈18"・19"(AH)
上臂圍13"・14"(BC)

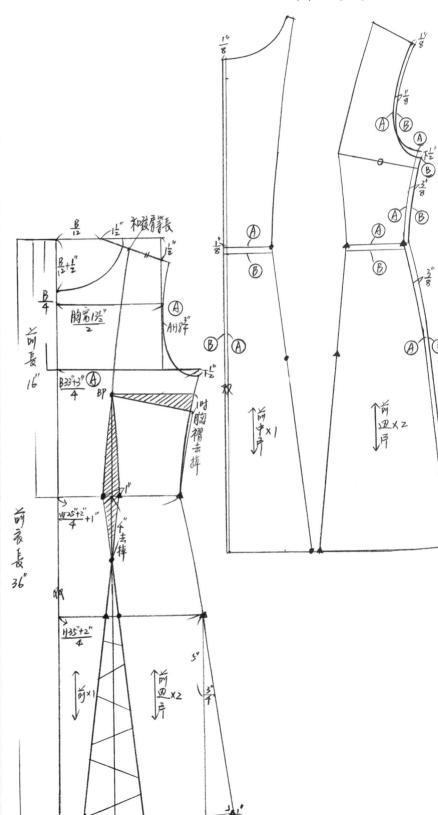

（前片展門下擺分解圖）

（前片放縮版）

(後片放縮版)

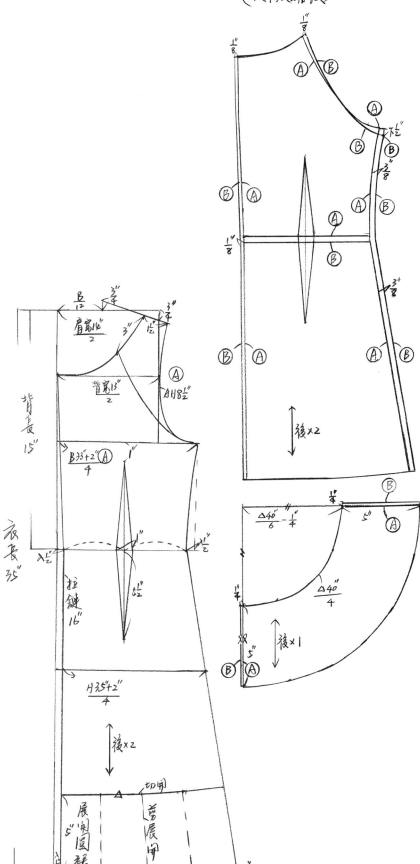

露背洋裝

假設尺寸

(A) · (B)

肩寬14" · 14 1/2"

背長15" · 15 1/2"

前長16" · 16 1/2"

背寬13" · 13 1/2"

胸寬12 1/2" · 13"

乳上長9 1/2" ·

　　9 3/4"(BP長)

乳間7" · 7 1/4"(BP寬)

胸圍33" · 35"(B)

腰圍25" · 27"(W)

臀圍35" · 37"(H)

袖圈16 1/2" ·

　　17 1/2"(AH)

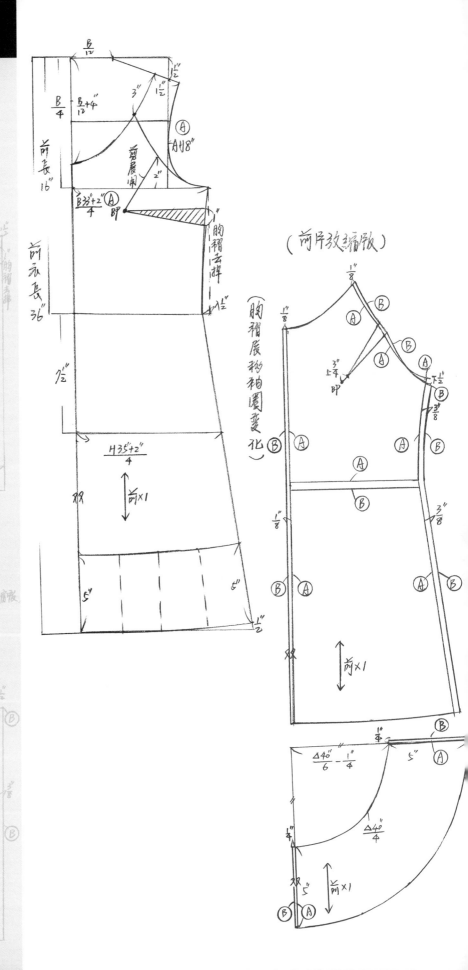

露背洋裝

假設尺寸

（A）·（B）

肩寬14"·14 1/2"

背長15"·15 1/2"

前長16"·16 1/2"

背寬13"·13 1/2"

胸寬12 1/2"·13"

乳上長9 1/2"·

　　　 9 3/4"（BP長）

乳間7"·7 1/4"（BP寬）

胸圍33"·35"（B）

腰圍25"·27"（W）

臀圍35"·37"（H）

袖圈16 1/2"·

　　 17 1/2"（AH）

（前片放縮版）

（胸褶展移袖圈變化）

（後片放縮版）

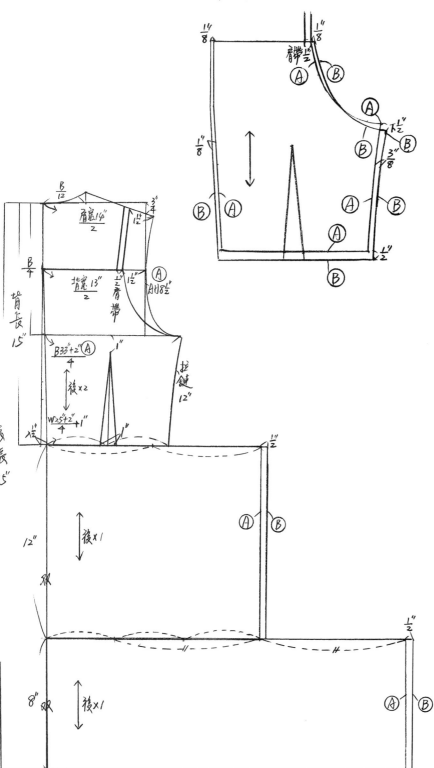

露背切腰洋裝

假設尺寸

(A)・(B)

肩寬14"・14 1/2"

背長15"・15 1/2"

前長16"・16 1/2"

背寬13"・13 1/2"

胸寬12 1/2"・13"

乳上長9 1/2"・
　　　9 3/4"(BP長)

乳間7"・7 1/4"(BP寬)

胸圍33"・35"(B)

腰圍25"・27"(W)

臀圍35"・37"(H)

袖圈16 1/2"・
　　　17 1/2"(AH)

露背切腰洋裝

假設尺寸

(A)．(B)

肩寬14"．14 1/2"

背長15"．15 1/2"

前長16"．16 1/2"

背寬13"．13 1/2"

胸寬12 1/2"．13"

乳上長9 1/2"．

　　　9 3/4"(BP長)

乳間7"．7 1/4"(BP寬)

胸圍33"．35"(B)

腰圍25"．27"(W)

臀圍35"．37"(H)

袖圈16 1/2"．

　　　17 1/2"(AH)

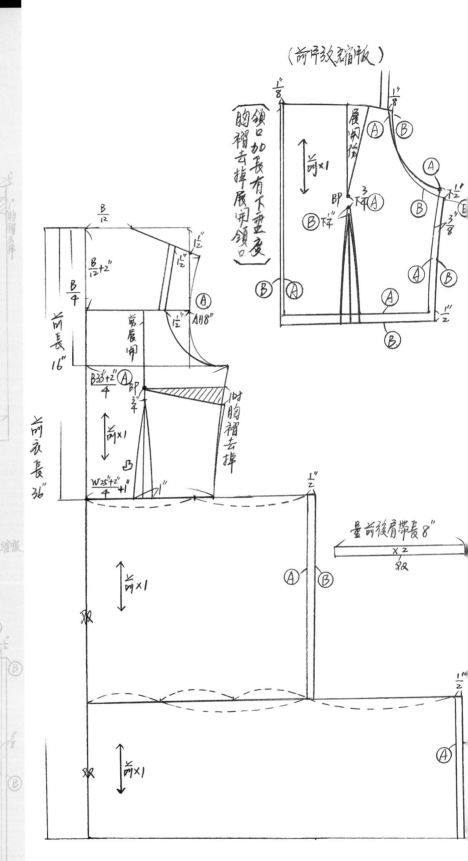

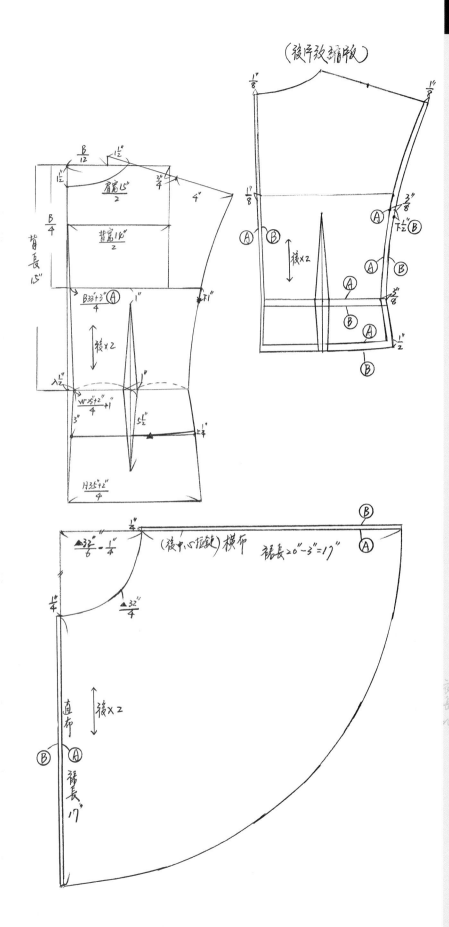

阿哥哥領切低腰洋裝

假設尺寸

(A)・(B)

肩寬15"・15 1/2"

背長15"・15 1/2"

前長16"・16 1/2"

背寬14"・14 1/2"

胸寬13 1/2"・14"

乳上長9 1/2"・
　　9 3/4"(BP長)

乳間7"・7 1/4"(BP寬)

胸圍33"・35"(B)

腰圍25"・27"(W)

臀圍35"・37"(H)

袖長4"・4"

裙長20"・20"(C)

阿哥哥領切低腰洋裝

假設尺寸

(A)・(B)

肩寬15"・15 1/2"

背長15"・15 1/2"

前長16"・16 1/2"

背寬14"・14 1/2"

胸寬13 1/2"・14"

乳上長9 1/2"・

　　　9 3/4"(BP長)

乳間7"・7 1/4"(BP寬)

胸圍33"・35"(B)

腰圍25"・27"(W)

臀圍35"・37"(H)

袖長4"・4"

裙長20"・20"(C)

腰圍25"(W)

臀圍35"(H)

裙長20"(L)

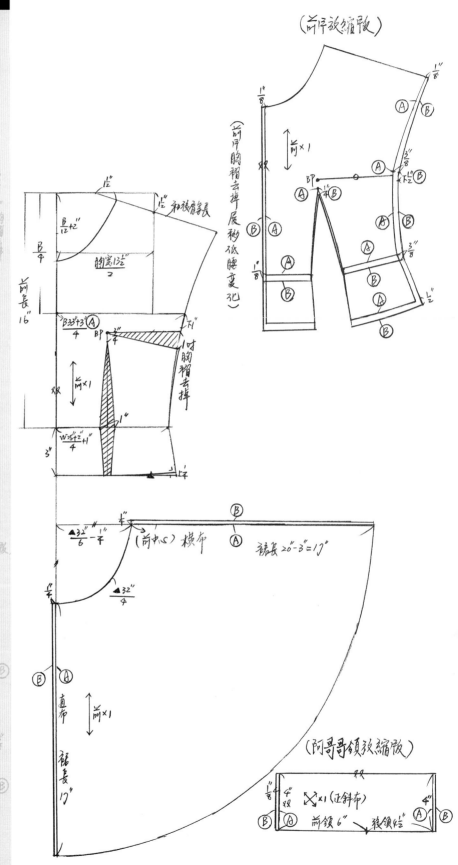

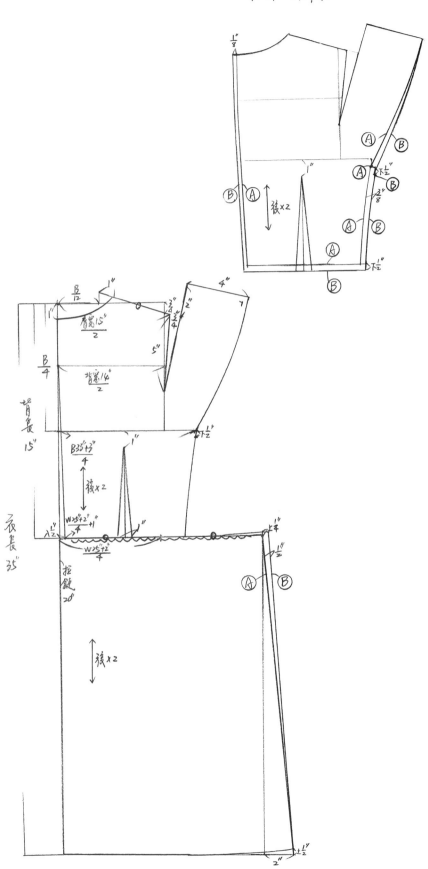

（後片放縮版）

切中腰荷葉切領洋裝

假設尺寸

(A) · (B)

肩寬15" · 15 1/2"
背長15" · 15 1/2"
前長16" · 16 1/2"
背寬14" · 14 1/2"
胸寬13 1/2" · 14"
乳上長9 1/2" ·
　　　9 3/4"(BP長)
乳間7" · 7 1/4"(BP寬)
胸圍33" · 35"(B)
腰圍25" · 27"(W)
臀圍35" · 37"(H)
袖長4" · 4"

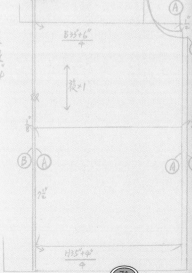

切中腰荷葉邊領洋裝

假設尺寸

(A)・(B)

肩寬15"・15 1/2"
背長15"・15 1/2"
前長16"・16 1/2"
背寬14"・14 1/2"
胸寬13 1/2"・14"
乳上長9 1/2"・
　　　9 3/4"(BP長)
乳間7"・7 1/4"(BP寬)
胸圍33"・35"(B)
腰圍25"・27"(W)
臀圍35"・37"(H)
袖長4"・4"

重點說明

(1) 前片把胸褶去掉展開胸褶變化。

(2) 取領時先把前後片紙型肩線相連自然前後領連在一起在領口上畫出領子的樣子在領口上平均1吋畫線從外圍剪開自然就有波浪。

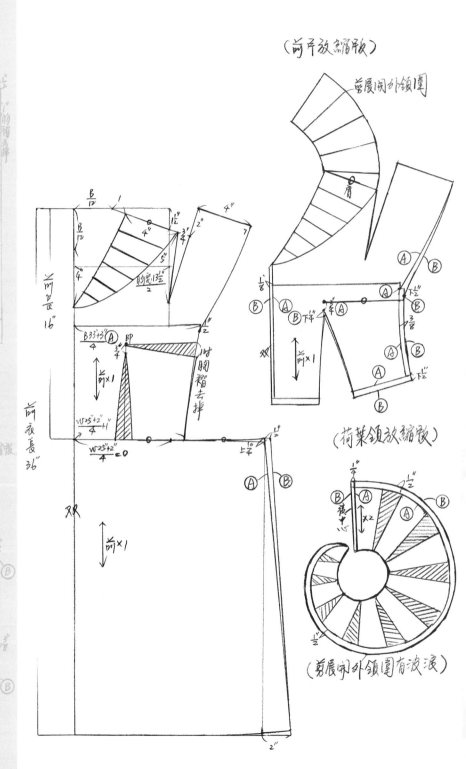

重點說明

(1) 高腰身要量前高腰長度量前高腰從前側頸點量下經過BP點量高下凹處，就是前高腰位置，因為前長比背長多1吋，胸褶在高腰上方所以前高腰減1吋是後高腰。例前高腰13"-1"=12"（後高腰）。

(2) 高領領口開1/4"鬆份和領口褶份1/2"，所以肩寬要加1/2"領口打褶份要車掉，這樣肩寬就拉回原來的肩點。

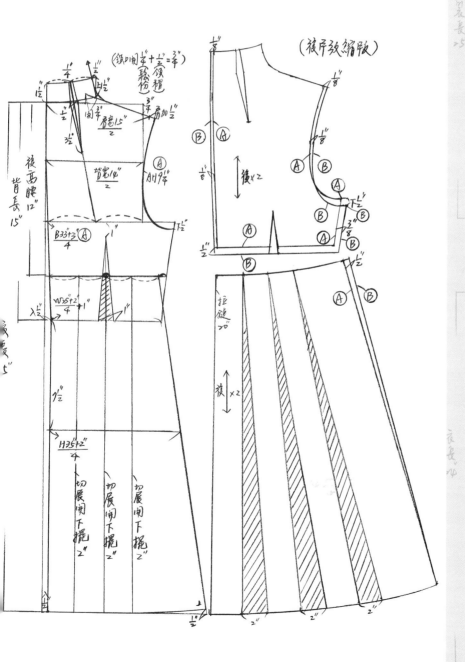

連身高領高腰洋裝

假設尺寸

(A) · (B)

肩寬15" · 15 1/2"
背長15" · 15 1/2"
前長16" · 16 1/2"
背寬14" · 14 1/2"
胸寬13 1/2" · 14"
乳上長9 1/2" ·
　　　9 3/4"（BP長）
乳間7" · 7 1/4"（BP寬）
胸圍33" · 35"（B）
腰圍25" · 27"（W）
臀圍35" · 37"（H）
袖圈18" · 19"（AH）
上臂圍13" · 14"（BC）
前高腰13" · 13 1/2"
後高腰12" · 12 1/2"

連身高領高腰洋裝

假設尺寸

(A)・(B)

肩寬15"・15 1/2"

背長15"・15 1/2"

前長16"・16 1/2"

背寬14"・14 1/2"

胸寬13 1/2"・14"

乳上長9 1/2"・

    9 3/4"(BP長)

乳間7"・7 1/4"(BP寬)

胸圍33"・35"(B)

腰圍25"・27"(W)

臀圍35"・37"(H)

袖圈18"・19"(AH)

上臂圍13"・14"(BC)

前高腰13"・13 1/2"

後高腰12"・12 1/2"

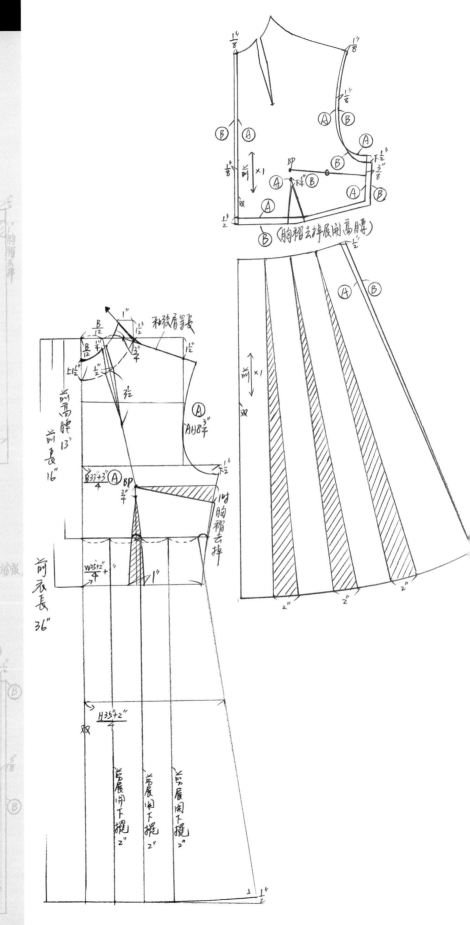

重點說明

(1) 連肩袖原理肩延長肩點下5"直尺下2"畫袖斜度因肩線後肩比前肩多3/4"所以袖子上臂圍和袖口後袖比前袖多3/4"，畫後袖上臂圍和袖口要加3/8"前袖上臂圍袖口減3/8"這樣袖腋邊才會等長。

(2) 畫連肩袖胸寬和背寬尺寸一樣，這樣袖腋邊長度才會等長。

(3) 連肩袖洋裝上臂圍量合身10"+3"鬆份=13"(BC)。

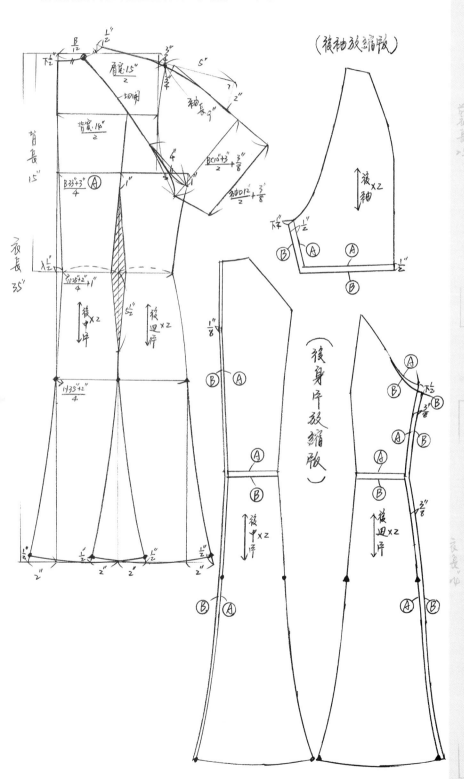

連肩袖洋裝

假設尺寸

(A) · (B)

肩寬15" · 15 1/2"
背長15" · 15 1/2"
前長16" · 16 1/2"
背寬14" · 14 1/2"
胸寬14" · 14 1/2"
乳上長9 1/2" ·
　　　9 3/4"(BP長)
乳間7" · 7 1/4"(BP寬)
胸圍33" · 35"(B)
腰圍25" · 27"(W)
臀圍35" · 37"(H)
袖長9" · 9 1/2"
袖口12" · 13"
袖圈18" · 19"(AH)
上臂圍13" · 14"(BC)

連肩袖洋裝

假設尺寸

(A) · (B)

肩寬15" · 15 1/2"
背長15" · 15 1/2"
前長16" · 16 1/2"
背寬14" · 14 1/2"
胸寬14" · 14 1/2"
乳上長9 1/2" ·
　　　9 3/4"(BP長)
乳間7" · 7 1/4"(BP寬)
胸圍33" · 35"(B)
腰圍25" · 27"(W)
臀圍35" · 37"(H)
袖長9" · 9 1/2"
袖口12" · 13"
袖圈18" · 19"(AH)
上臂圍13" · 14"(BC)

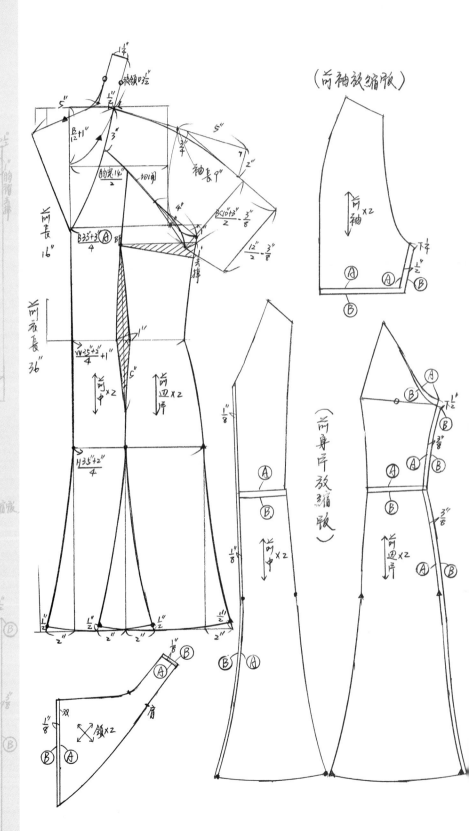

中腰鬆緊帶插袖
八片裙洋裝

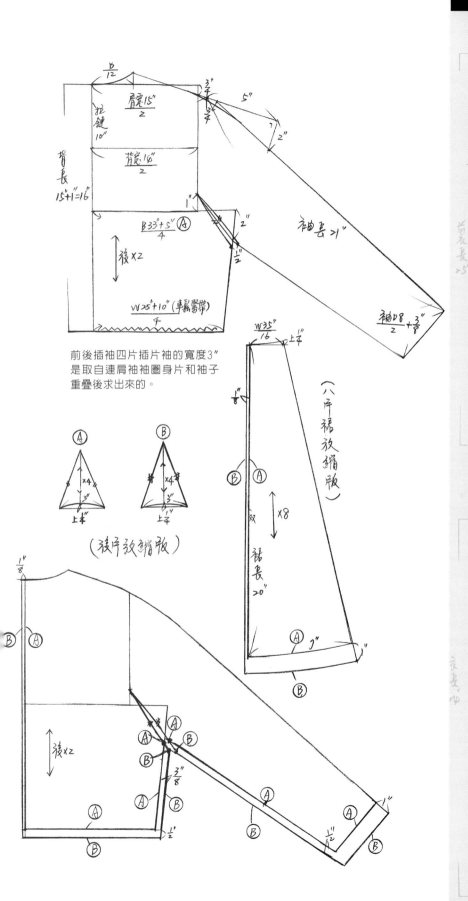

前後插袖四片插片袖的寬度3″
是取自連肩袖袖圈身片和袖子
重疊後求出來的。

假設尺寸

(A)・(B)

肩寬15″・15 1/2″
背長15″・15 1/2″
前長16″・16 1/2″
背寬14″・14 1/2″
胸寬14″・14 1/2″
乳上長9 1/2″・
　　　9 3/4″(BP長)
乳間7″・7 1/4″(BP寬)
胸圍33″・35″(B)
腰圍25″・27″(W)
臀圍35″・37″(H)
袖長21″・22″
袖口8″・9″
裙長20″・21″
領圍15″・15 1/2″

中腰鬆緊帶插袖
八片裙洋裝

假設尺寸

(A)・(B)

肩寬15"・15 1/2"
背長15"・15 1/2"
前長16"・16 1/2"
背寬14"・14 1/2"
胸寬14"・14 1/2"
乳上長9 1/2"・
　　　9 3/4"(BP長)
乳間7"・7 1/4"(BP寬)
胸圍33"・35"(B)
腰圍25"・27"(W)
臀圍35"・37"(H)
袖長21"・22"
袖口8"・9"
裙長20"・21"
領圍15"・15 1/2"

重點說明

(1)旗袍式高領要量頸子量合身加1 1/2"鬆份。依人體下頸圍比上頸圍大1/2"到
1"領前中直上1/2"上下領差1/2"領前中直上1"上下領差1"。

(2)領圍固定好尺寸，前後身片的領圍要用皮尺量尺寸和領圍等長才可以。太大或
太小要調整身片領口。

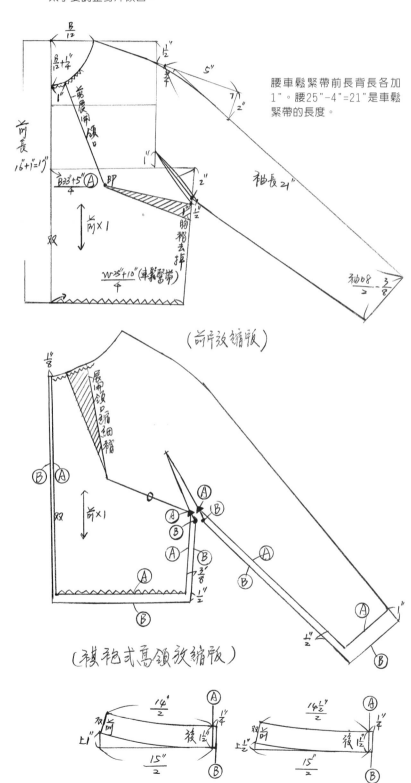

腰車鬆緊帶前長背長各加
1"。腰25"-4"=21"是車鬆
緊帶的長度。

(前片放縮版)

(旗袍式高領放縮版)

重點說明

(1)小蓋袖也算無袖袖圈胸圍33"一半是16 1/2"（AH），因袖頭有弧度較長所以減 1/2"是16"（AH）。

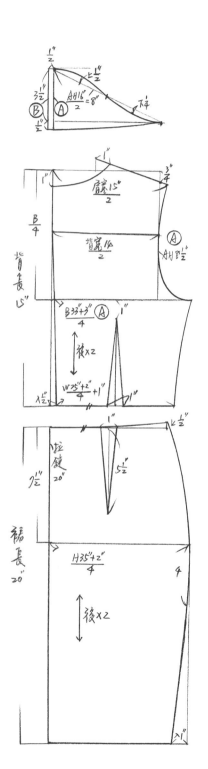

(後片放縮版)

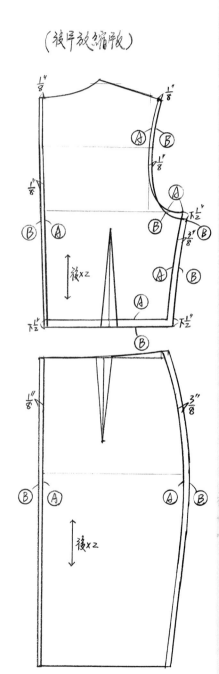

前胸活褶接蓋袖洋裝

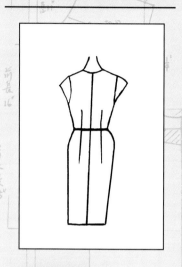

假設尺寸

(A)・(B)

肩寬15"・15 1/2"

背長15"・15 1/2"

前長16"・16 1/2"

背寬14"・14 1/2"

胸寬13 1/2"・14"

乳上長9 1/2"・

    9 3/4"（BP長）

乳間7"・7 1/4"（BP寬）

胸圍33"・35"（B）

腰圍25"・27"（W）

臀圍35"・37"（H）

袖長4"・4"

袖圈16 1/2"・

    17 1/2"（AH）

前胸活褶接蓋袖洋裝

假設尺寸

(A) ‧ (B)

肩寬15" ‧ 15 1/2"
背長15" ‧ 15 1/2"
前長16" ‧ 16 1/2"
背寬14" ‧ 14 1/2"
胸寬13 1/2" ‧ 14"
乳上長9 1/2" ‧
　　　　9 3/4"(BP長)
乳間7" ‧ 7 1/4"(BP寬)
胸圍33" ‧ 35"(B)
腰圍25" ‧ 27"(W)
臀圍35" ‧ 37"(H)
袖長4" ‧ 4"
袖圈16 1/2" ‧
　　　　17 1/2"(AH)

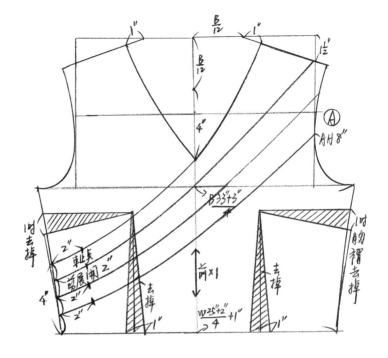

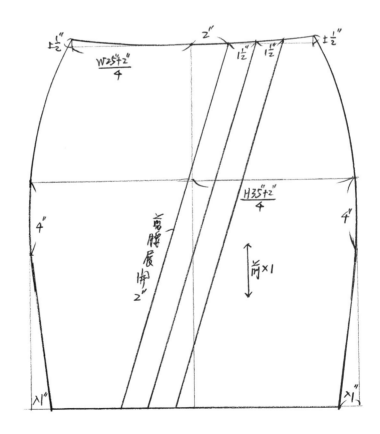

前胸活褶接蓋袖洋裝

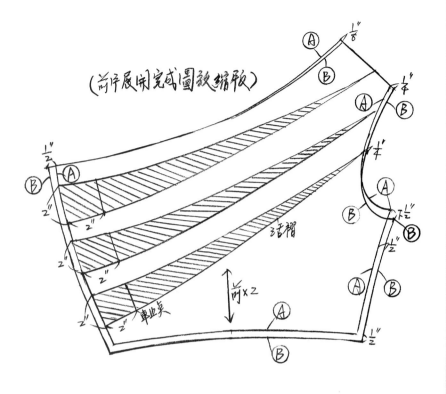

(前片展開完成圖放縮版)

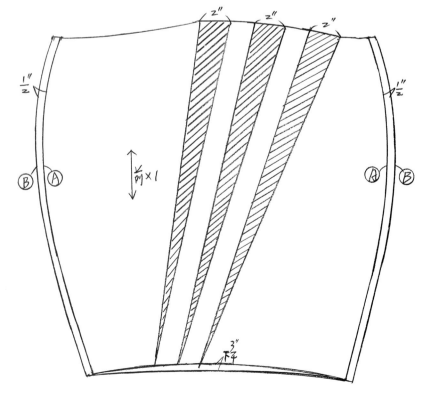

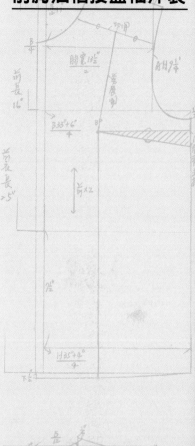

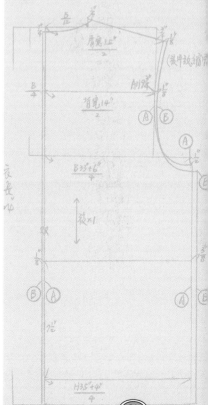

無袖祺袍

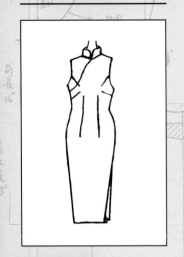

假設尺寸

(A) · (B)

肩寬15" · 15 1/2"

背長15" · 15 1/2"

前長16 1/2" · 16 1/2"

背寬14" · 14 1/2"

胸寬13 1/2" · 14"

乳上長9 1/2" ·

　　　9 3/4"(BP長)

乳間7" · 7 1/4"(BP寬)

胸圍33" · 35"(B)

腰圍25" · 27"(W)

臀圍35" · 37"(H)

袖圈16 1/2" ·

　　　17 1/2"(AH)

領圍15" · 15 1/2"

衣長35" · 35 1/2"(L)

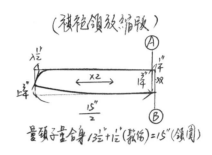

（祺袍領放縮版）

量頸子量合身13½"+1½"(鬆份)=15"(領圍)

（後平放縮版）

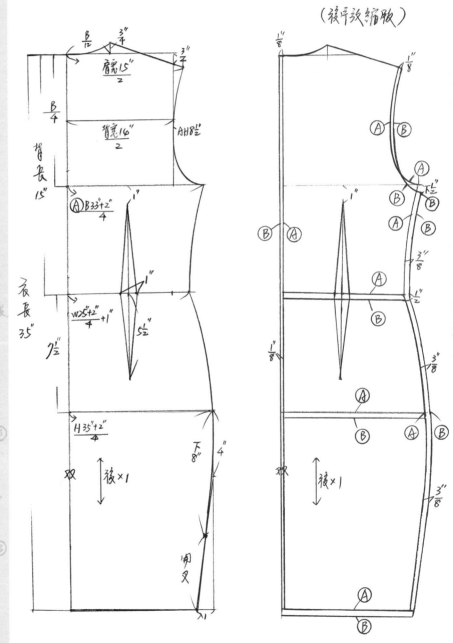

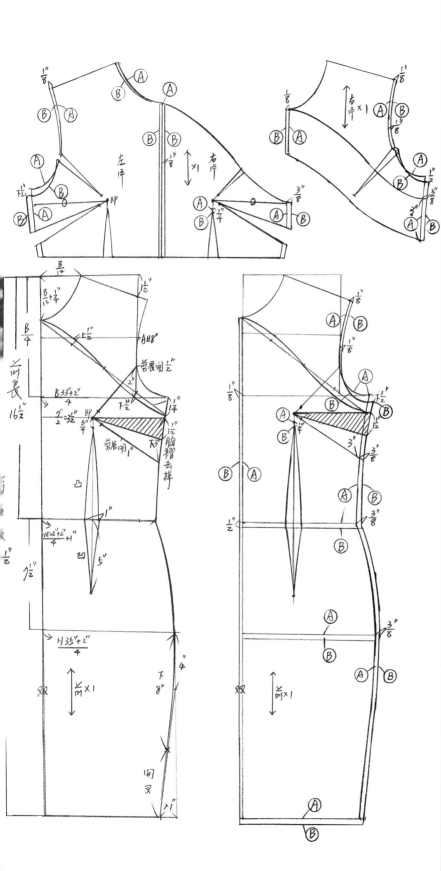

無袖祺袍

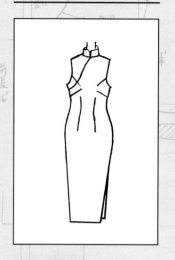

假設尺寸

(A)・(B)
肩寬15"・15 1/2"
背長15"・15 1/2"
前長16 1/2"・17"
背寬14"・14 1/2"
胸寬13 1/2"・14"
乳上長9 1/2"・
　　9 3/4"(BP長)
乳間7"・7 1/4"(BP寬)
胸圍33"・35"(B)
腰圍25"・27"(W)
臀圍35"・37"(H)
袖圈16 1/2"・
　　17 1/2"(AH)
領圍15"・15 1/2"
前衣長36 1/2・37"(L)

貼身海軍領單穿上衣

假設尺寸

(A)・(B)

肩寬15"・15 1/2"
背長15"・15"
前長16"・16"
背寬14"・14 1/2"
胸寬13 1/2"・14"
乳上長9 1/2"・
　　　9 3/4"(BP長)
乳間7"・7 1/4"(BP寬)
胸圍33"・35"(B)
腰圍25"・27"(W)
臀圍35"・37"(H)
袖圈18 1/2"・
　　　19 1/2"(AH)
上臂圍13 1/2"・
　　　14 1/2"(BC)
上腹圍32"・34"
下腹圍34"・36"
衣長21"・21"

重點說明

(1)胸圍加鬆份的一半是袖圈B33"+5"/2=19(AH)，單穿上衣可以減少1/2"是
　　18 1/2"AH(A)尺寸，19 1/2"(B)尺寸。

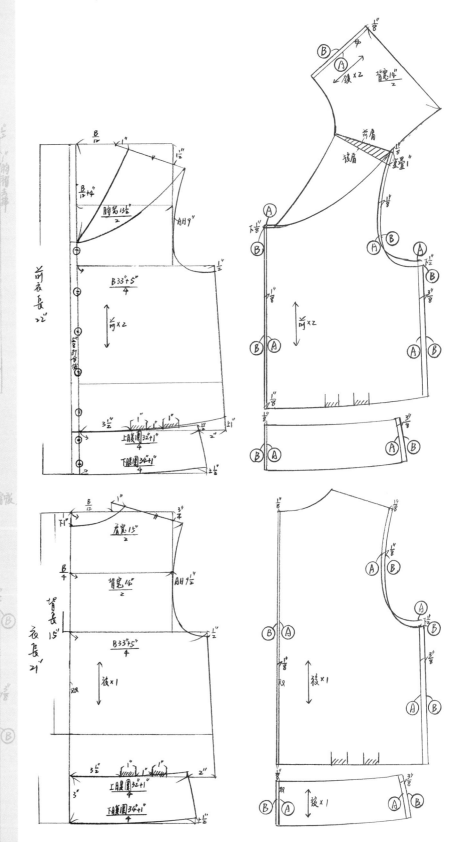

連肩袖上衣

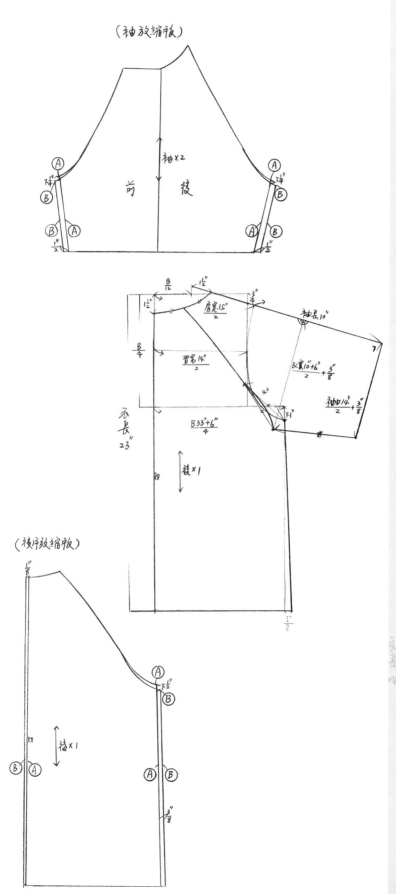

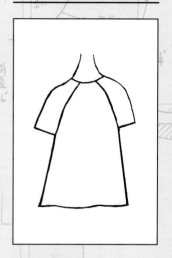

假設尺寸

(A) · (B)

肩寬15" · 15"	
背長15" · 15"	
前長16" · 16"	
背寬14" · 14"	
胸寬14" · 14"	
胸圍33" · 35"(B)	
袖長10" · 10"	
袖口14" · 15"	
上臂圍16" · 17"	
衣長23" · 23"	

連肩袖上衣

假設尺寸

(A)・(B)

肩寬15"・15"

背長15"・15"

前長16"・16"

背寬14"・14"

胸寬14"・14"

胸圍33"・35"(B)

袖長10"・10"

袖口14"・15"

上臂圍16"・17"(BC)

前衣長24"・24"

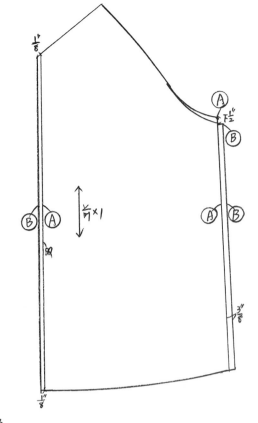

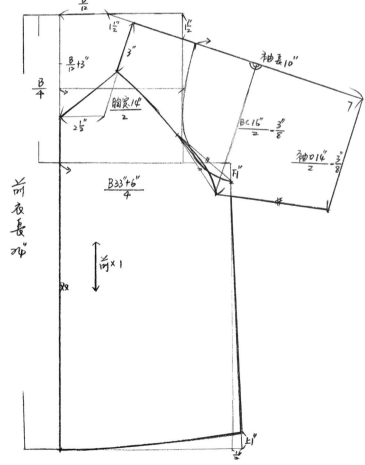

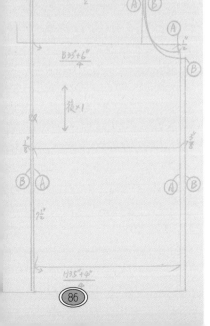

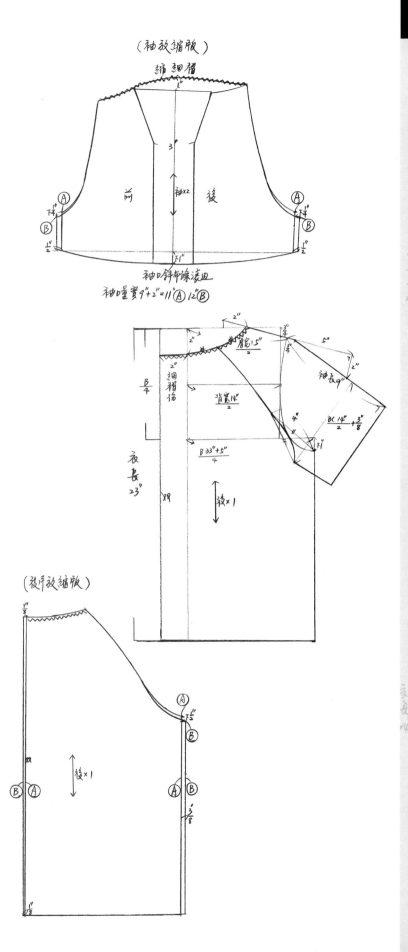

連肩袖上衣

假設尺寸

(A)・(B)

肩寬15"・15"
背長15"・15
前長16"・16"
背寬14"・14"
胸寬14"・14"
胸圍33"・35"(B)
袖長9"・9"
袖口11"・12"
上臂圍14"・15"(BC)
衣長23"・23"

連肩袖上衣

假設尺寸

（A）・（B）

肩寬15"・15"

背長15"・15"

前長16"・16"

背寬14"・14"

胸寬14"・14"

胸圍33"・35"（B）

袖長9"・9"

袖口11"・12"

上臂圍14"・15"（BC）

前衣長24"・24"

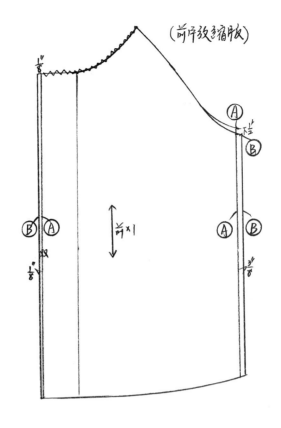

（前中放縮版）

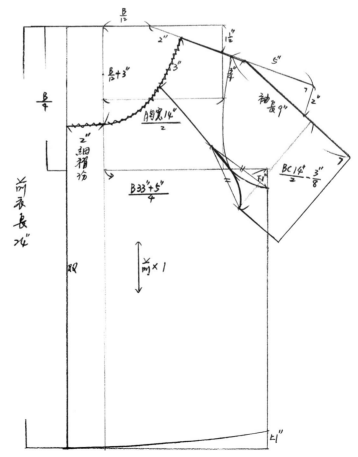

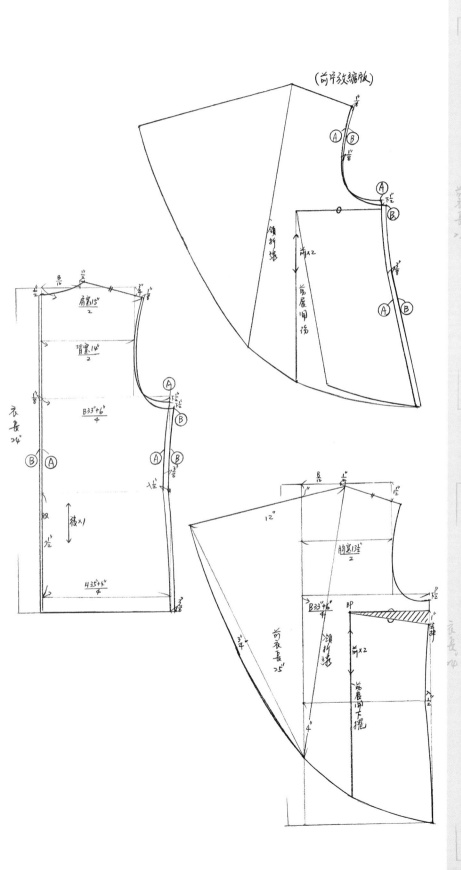

(前幅放縮版)

領折線

前x2

肩展開增

肩寬15"
2

背寬14"
2

B33"+6"
4

H35"+6"
4

衣長24"

後入

胸寬13 1/2"
2

B33"+6"
4

BP

領折線

前x2

肩展開大擺

前衣長25"

波浪領上衣

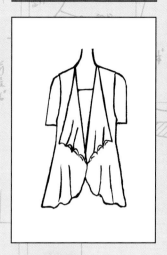

假設尺寸

(A)・(B)

肩寬15"・15 1/2"

背長15"・15"

前長16"・16"

背寬14"・14 1/2"

胸寬13 1/2"・14"

乳上長9 1/2"・
　　9 3/4"(BP長)

乳間7"・7 1/4"(BP寬)

胸圍33"・35"(B)

腰圍25"・27"(W)

臀圍35"・37"(H)

袖長9"・9"

袖口12"・13"

袖圈19"・20"(AH)

上臂圍13 1/2"・
　　14 1/2"(BC)

衣長24"・24"

波浪領上衣

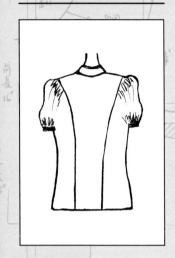

假設尺寸

(A)・(B)

肩寬15"・15 1/2"
背長15"・15"
前長16"・16"
背寬14"・14"
胸寬14"・14"
乳上長9 1/2"・
　　　　9 3/4"(BP長)
乳間7"・7 1/4"(BP寬)
胸圍33"・35"(B)
腰圍25"・27"(W)
臀圍35"・37"(H)
袖長10"・10"
袖口11"・12"
衣長23"・23"

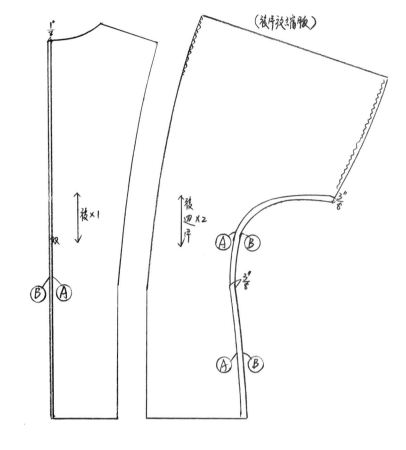

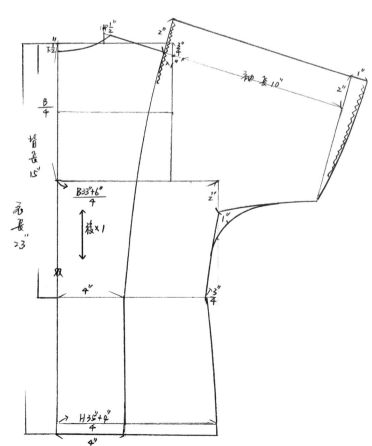

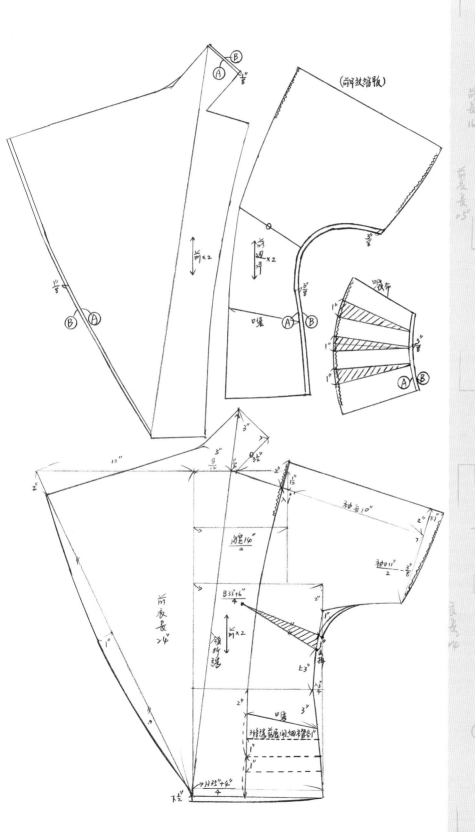

(解放縮版)

前x2

前邊平x2

口袋

哦布

前衣長½

領折邊

B35"+6"/4

前x2

袖長10"

袖口11"/2 − 3/8"

胸寬16"/2

口袋

3連褶燙屋向細褶各1"

→H35"+4"/4

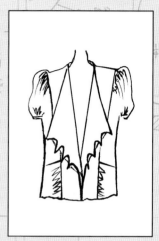

波浪領上衣

假設尺寸

(A) · (B)

肩寬15" · 15 1/2"

背長15" · 15"

前長16" · 16"

背寬14" · 14 1/2"

胸寬14" · 14 1/2"

乳上長9 1/2" ·

　　　9 3/4"(BP長)

乳間7" · 7 1/4"(BP寬)

胸圍33" · 35"(B)

腰圍25" · 27"(W)

臀圍35" · 37"(H)

袖長10" · 10"

袖口11" · 12"

衣長24" · 24"

高領單穿上衣

假設尺寸

(A) · (B)

肩寬15" · 15 1/2"
背長15" · 15"
前長16" · 16"
背寬14" · 14 1/2"
胸寬13"1/2" · 14"
乳上長9 1/2" ·
　　　9 3/4"(BP長)
乳間7" · 7 1/4"(BP寬)
胸圍33" · 35"(B)
腰圍25" · 27"(W)
臀圍35" · 37"(H)
袖長22" · 22"
袖口8" · 9"
袖圈18 · 19"(AH)
上臂圍13 1/2" ·
　　　14 1/2"(BC)
衣長24" · 24"
領圍15" · 15 1/2

重點說明

(1) 領圍量頸圍量實13 1/2"+1 1/2"鬆份是15"。身片領圍要量和頸圍等長。

(2) 胸圍加鬆份的一半是袖圈B33"+4"/2是18 1/2"單穿上衣可減少1/2"是18"(AH)。

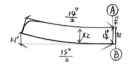

（高領放縮版）

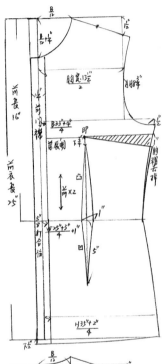

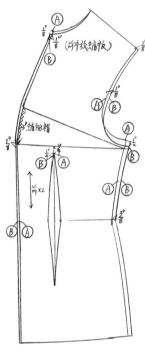

（前片放縮版）

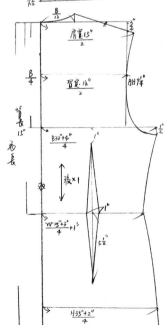

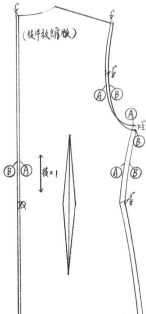

（後片放縮版）

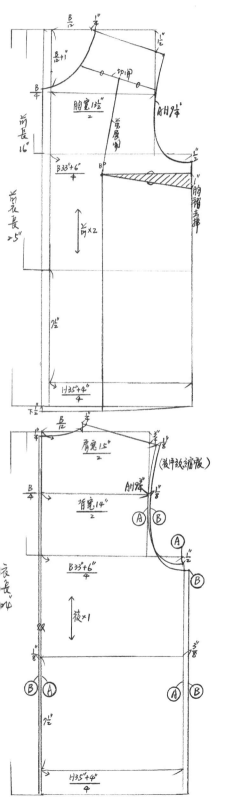

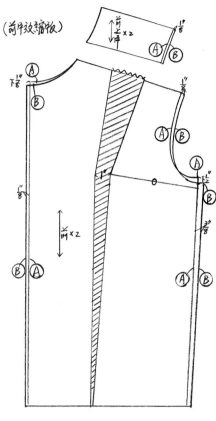

（前序放縮後）

（尖立領）

（尖立領放縮後）

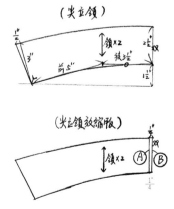

尖立領襯衫

假設尺寸

（A）·（B）

肩寬15"·15 1/2"

背長15"·15"

前長16"·16"

背寬14"·14 1/2"

胸寬13 1/2"·14"

乳上長9 1/2"·

　9 3/4"（BP長）

乳間7"·7 1/4"（BP寬）

胸圍33"·35"（B）

腰圍25"·27"（W）

臀圍35"·37"（H）

袖長22"·22"

袖口8"·8 1/2"

袖圈19"·20"（AH）

上臂圍15"·16"（BC）

衣長24"·24"

羅馬領單穿上衣

假設尺寸

(A)・(B)

肩寬15"・15 1/2"

背長15"・15"

前長16"・16"

背寬14"・14 1/2"

胸寬13 1/2"・14"

乳上長9 1/2"・

　　　9 3/4"(BP長)

乳間7"・7 1/4"(BP寬)

胸圍33"・35"(B)

腰圍25"・27"(W)

臀圍35"・37"(H)

袖長22"・22"

袖口8"・9"

袖圈18 1/2"・

　　　19 1/2"(AH)

上臂圍13 1/2"・

　　　14 1/2"(BC)

衣長24"・24"

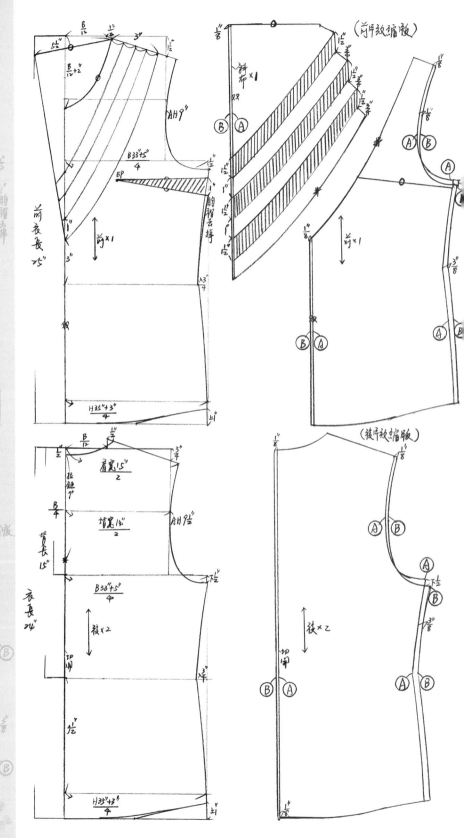

落肩女襯衫

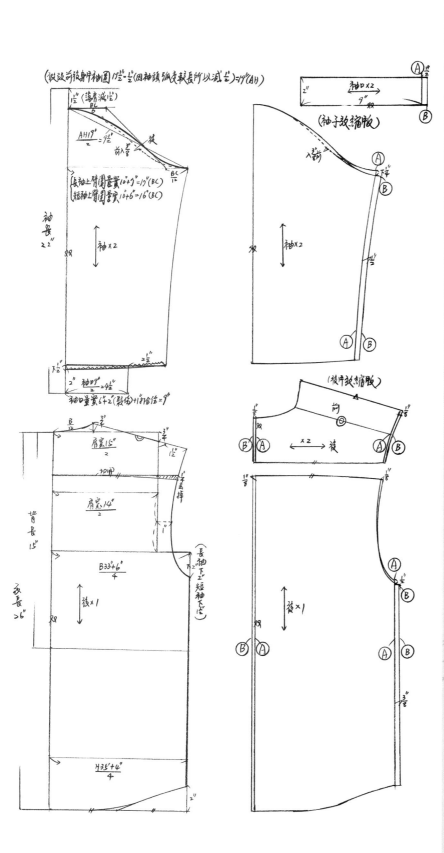

假設尺寸

	(A)"	(B)"
肩寬	15"	15 1/2"
背長	15"	15"
前長	16"	16"
背寬	14"	14 1/2"
胸寬	13 1/2"	14"
乳上長	9 1/2"	9 3/4"(BP長)
乳間	7"	7 1/4"(BP寬)
胸圍	33"	35"(B)
腰圍	25"	27"(W)
臀圍	35"	37"(H)
袖長	22"	22"
袖口	8"	8 1/2"
袖圈	19"	20"(AH)
上臂圍	17"	18"(BC)
領圍	15"	15 1/2"
衣長	26"	26"

落肩女襯衫

假設尺寸

(A)・(B)

肩寬15"・15 1/2"
背長15"・15"
前長16"・16"
背寬14"・14 1/2"
胸寬13 1/2"・14"
乳上長9 1/2"・
　　　9 3/4"(BP長)
乳間7"・7 1/4"(BP寬)
胸圍33"・35"(B)
腰圍25"・27"(W)
臀圍35"・37"(H)
袖長22"・22"
袖口8"・8 1/2"
袖圈19"・20"(AH)
上臂圍17"・18"(BC)
領圍15"・15 1/2"
前衣長27"・27"

重點說明

(1)落肩袖量前後身片的袖圈尺寸畫袖子。

(2)領圍量頸子量實13 1/2+1 1/2"(鬆份)=15"領圍固定好尺寸。用量身皮尺量前後身片的領圍要和頸子的領圍相等。假如太大或太小要調整身片的前後領圍。

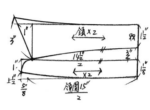

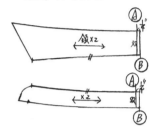

(襯衫領放縮版)

(荷序放縮版)

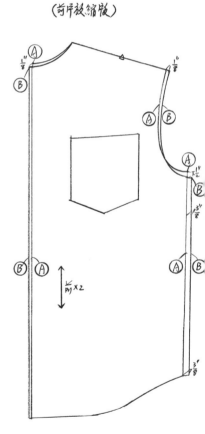

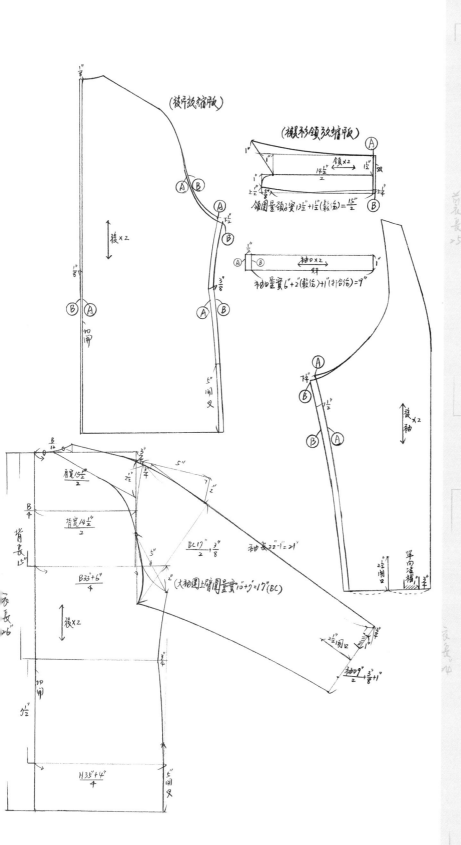

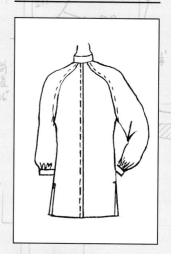

連肩袖襯衫

假設尺寸

(A) · (B)

肩寬15 1/2" · 16"
背長15" · 15"
前長16" · 16"
背寬14 1/2" · 15"
胸寬14 1/2" · 15"
乳上長9 1/2" ·
　　　9 3/4"(BP長)
乳間7" · 7 1/4"(BP寬)
胸圍33" · 35"(B)
腰圍25" · 27"(W)
臀圍35" · 37"(H)
袖長22" · 22"
袖口8" · 8 1/2"
上臂圍17" · 18"(BC)
領圍15" · 15 1/2"
衣長26" · 26"

連肩袖襯衫

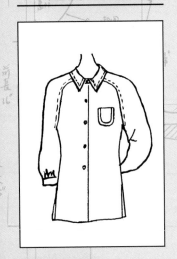

假設尺寸

(A)・(B)

肩寬15 1/2"・16"
背長15"・15"
前長16"・16"
背寬14 1/2"・15"
胸寬14 1/2"・15"
乳上長9 1/2"・
　　　9 3/4"(BP長)
乳間7"・7 1/4"(BP寬)
胸圍33"・35"(B)
腰圍25"・27"(W)
臀圍35"・37"(H)
袖長22"・22"
袖口8"・8 1/2"
上臂圍17"・18"(BC)
領圍15"・15 1/2"
前衣長27"・27"

重點說明

(1) 連肩袖胸寬和背寬尺寸取等長，這樣前後袖內側協邊才等長。

(2) 連肩袖因後肩比前肩多3/4"肩點延長取袖長所以上臂圍袖口後片加3/8"
　　前片減3/8"。

(3) 畫袖子取前後上臂圍尺寸和袖長線平行再取袖圈腋下5"長度和弧度碰上臂圍
　　尺寸取長度和弧度要相等。

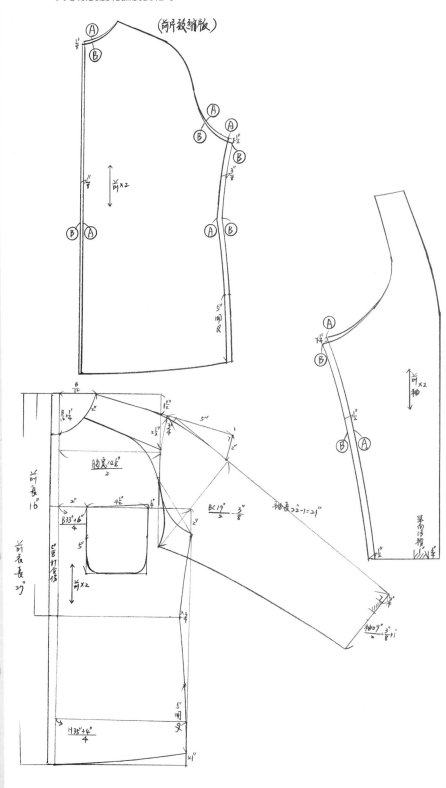

(尚片放縮版)

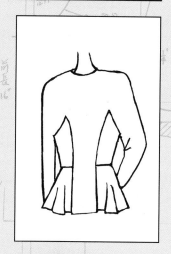

連肩袖單穿上衣

假設尺寸

(A)・(B)

肩寬15"・15 1/4"

背長15"・15"

前長16"・16"

背寬14"・14 1/4"

胸寬14"・14 1/4"

乳上長9 1/2"・

　　9 3/4"(BP長)

乳間7"・7 1/4"(BP寬)

胸圍33"・35"(B)

腰圍25"・27"(W)

臀圍35"・37"(H)

袖長21"・21"

袖口8"・8 1/2"

上臂圍16"・17"(BC)

衣長21"・21"

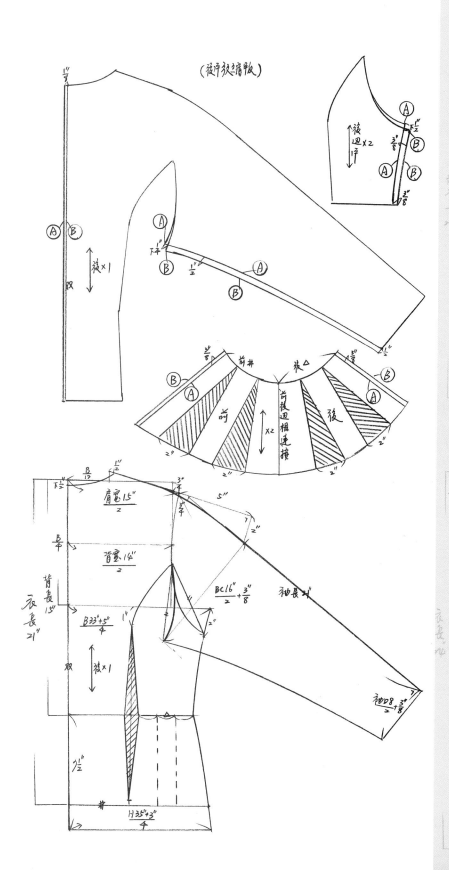

連肩袖單穿上衣

假設尺寸

(A) · (B)

肩寬15" · 15 1/4"

背長15" · 15"

前長16" · 16"

背寬14" · 14 1/4"

胸寬14" · 14 1/4"

乳上長9 1/2" ·

　　　9 3/4"(BP長)

乳間7" · 7 1/4"(BP寬)

胸圍33" · 35"(B)

腰圍25" · 27"(W)

臀圍35" · 37"(H)

袖長21" · 21"

袖口8" · 9"

上臂圍16" · 17"(BC)

衣長22" · 22"

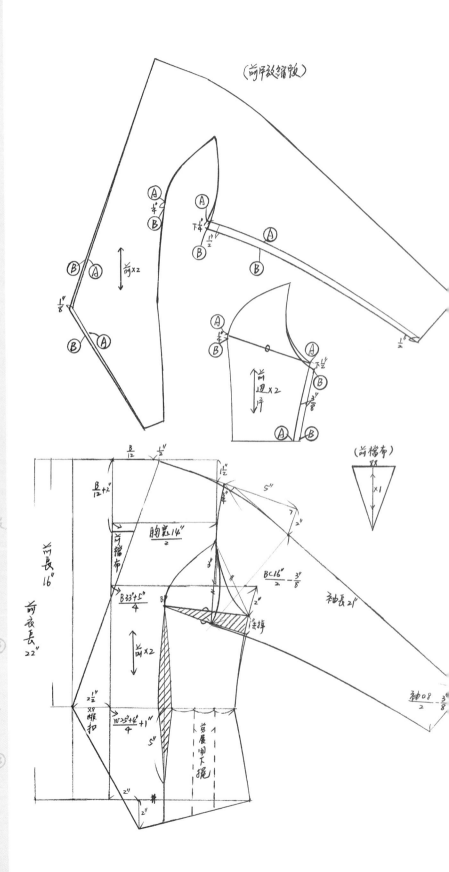

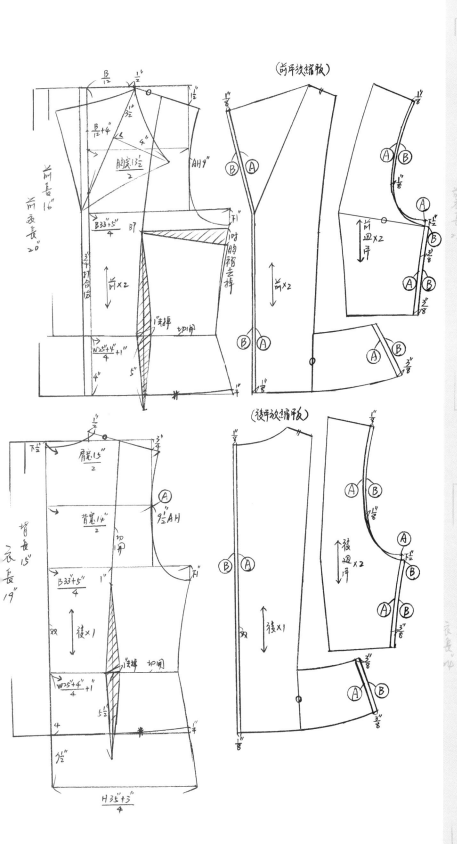

三角領單穿上衣

假設尺寸

(A)・(B)

肩寬15"・15 1/4"

背長15"・15"

前長16"・16"

背寬14"・14 1/2"

胸寬13 1/2"・14"

乳上長9 1/2"・

　　9 3/4"(BP長)

乳間7"・7 1/4"(BP寬)

胸圍33"・35"(B)

腰圍25"・27"(W)

臀圍35"・37"(H)

袖長21"・22"

袖口9"・10"

袖圈18 1/2"・

　　19 1/2"(AH)

上臂圍13 1/2"・

　　14 1/2"(BC)

衣長19"・19"

尖立領單穿上衣

假設尺寸

(A)・(B)

肩寬15"・15 1/2"

背長15"・15"

前長16"・16"

背寬14"・14 1/2"

胸寬13 1/2"・14"

乳上長9 1/2"・

　　　9 3/4"(BP長)

乳間7"・7 1/4"(BP寬)

胸圍33"・35"(B)

腰圍25"・27"(W)

臀圍35"・37"(H)

袖長21"・21"

袖口9"・10"

袖圈18 1/2"・

　　　19 1/2"(AH)

上臂圍13 1/2"・

　　　14 1/2"(BC)

衣長21"・21"

重點說明

(1)胸圍加鬆貨的一半是袖圈B33"+5"/2=19"(AH)，單穿上衣可減少1/2"是18 1/2"AH(A)尺寸，19 1/2"(B)尺寸。

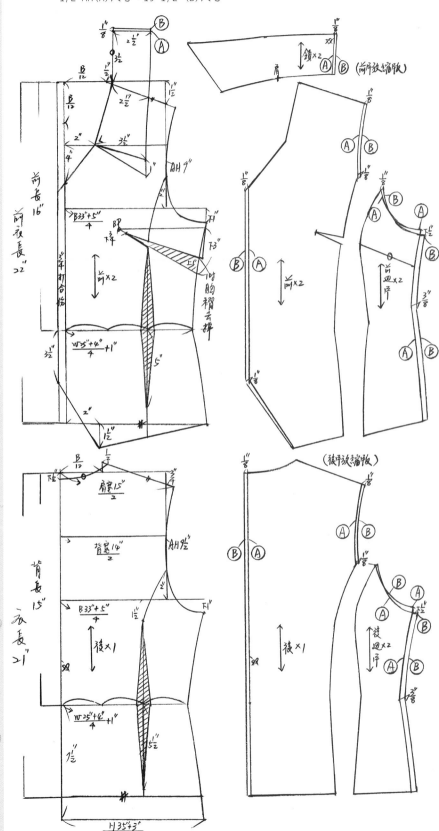

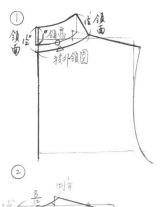

領折線有領高倒份原理

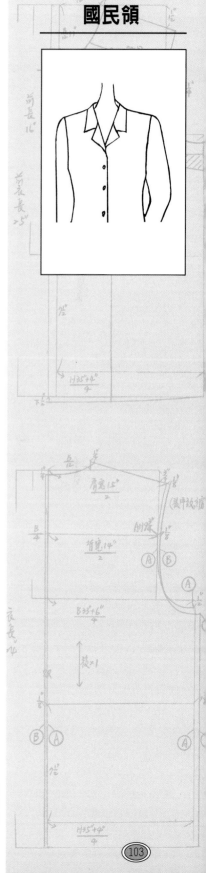

（1）後領口提高1＂領高領子翻上1 1/2＂蓋住領接線就求出後外領圍的長度。

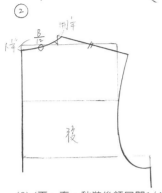

（2）（夏、春、秋裝後領口開1/4＂）

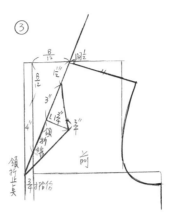

（3）前領口B/12開1/2＂比後領口多開1/4＂在前肩領口附近較平順，再取前肩和後肩等長。前中領中領口B/12下4＂從B/12經B/12下4＂點畫一條領折線延長到3/4＂打合份的線，在領折線右邊先畫出下領樣式。

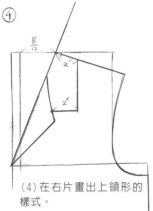

（4）在右片畫出上領形的樣式。

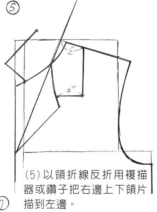

（5）以領折線反折用複描器或鑽子把右邊上下領片描到左邊。

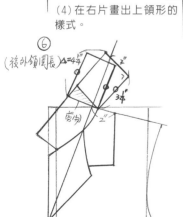

（6）後領口和後外領圍等長領於翻下會看到領接線把外領圍剪展開到蓋後領接線下1/2＂處就是後外領圍的長度。

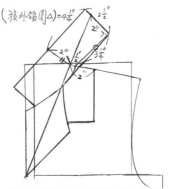

（7）後外領圍照原理求出尺寸以後取後領口直角碰領折線2＂自然就求出外 領圍的尺寸，直角比2＂多外領圍加長領高較低比2＂少外領圍短會看到領接線。

國民領單穿上衣

假設尺寸

(A)‧(B)

肩寬15"‧15 1/2"

背長15"‧15"

前長16"‧16"

背寬14"‧14 1/2"

胸寬13 1/2"‧14"

乳上長9 1/2"‧
　　　　9 3/4"(BP長)

乳間7"‧7 1/4"(BP寬)

胸圍33"‧35"(B)

腰圍25"‧27"(W)

臀圍35"‧37"(H)

袖長21"‧21"

袖口9"‧10"

袖圈18 1/2"‧
　　　19 1/2"(AH)

上臂圍13 1/2"‧
　　　14 1/2"(BC)

衣長22 1/2"‧22 1/2"

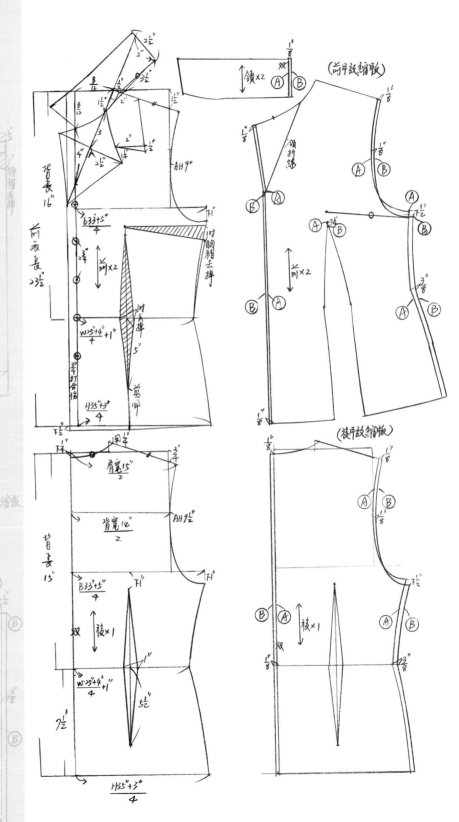

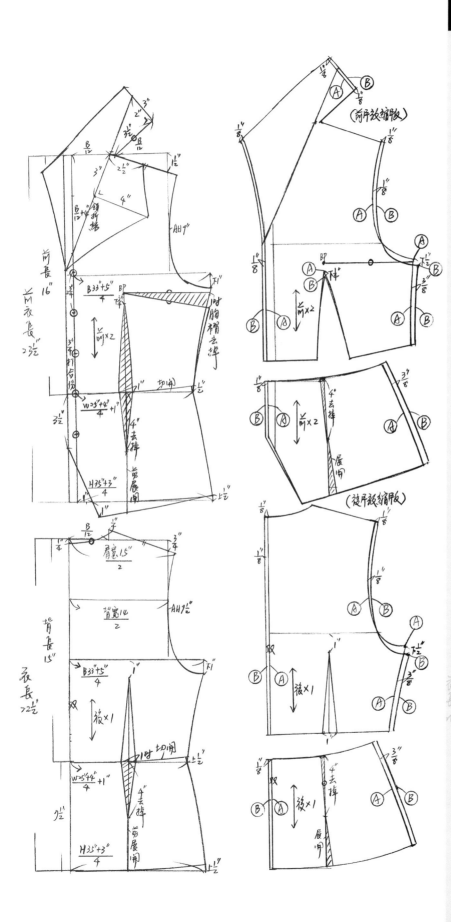

羅大領單穿上衣

假設尺寸

(A)・(B)

肩寬15"・15 1/2"
背長15"・15"
前長16"・16"
背寬14"・14 1/2"
胸寬13 1/2"・14"
乳上長9 1/2"・
　　　9 3/4"(BP長)
乳間7"・7 1/4"(BP寬)
胸圍33"・35"(B)
腰圍25"・27"(W)
臀圍35"・37"(H)
袖長21"・21"
袖口9"・10"
袖圈18 1/2"・
　　　19 1/2"(AH)
上臂圍13 1/2"・
　　　14 1/2"(BC)
衣長22 1/2"・22 1/2"

連身高領夾克

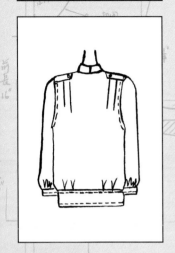

假設尺寸

(A) · (B)

肩寬15 1/2" · 16"
背長15" · 15"
前長16" · 16"
背寬14 1/2" · 15"
胸寬14" · 14 1/2"
乳上長9 1/2" ·
        9 3/4"(BP長)
乳間7" · 7 1/4"(BP寬)
胸圍33" · 35"(B)
腰圍25" · 27"(W)
臀圍35" · 37"(H)
袖長22" · 22"
袖口9" · 9 1/2"
袖圈22" · 23"(AH)
上臂圍18" · 19"(BC)
衣長25" · 25"

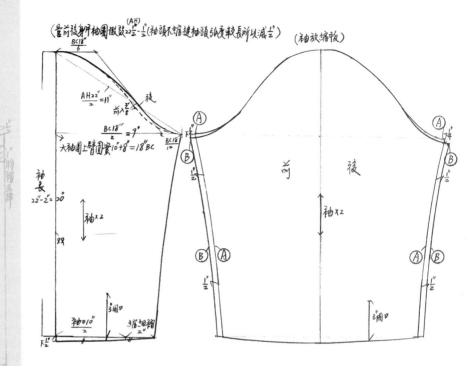

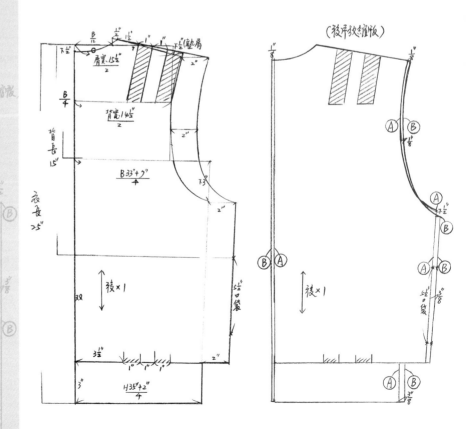

連身高領夾克

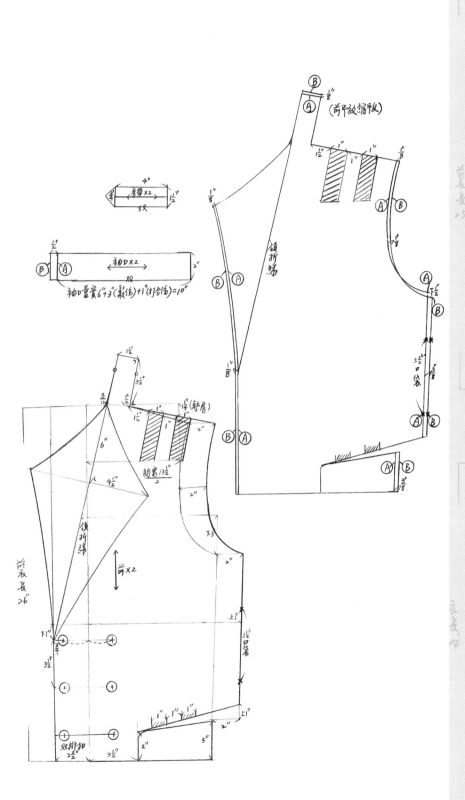

假設尺寸

(A)・(B)
肩寬15 1/2"・16"
背長15"・15"
前長16"・16"
背寬14 1/2"・15"
胸寬14"・14 1/2"
乳上長9 1/2"・
　　　9 3/4"(BP長)
乳間7"・7 1/4"(BP寬)
胸圍33"・35"(B)
腰圍25"・27"(W)
臀圍35"・37"(H)
袖長22"・22"
袖口9"・9 1/2"
袖圈22"・23"(AH)
上臂圍18"・19"(BC)
衣長26"・26"

(肩부放縮叺)

肩帶×2

袖口×2
袖口量實6"+3"(縮份)+1"(打合份)=10"

領折線

½"口袋

⅛"(墊肩)

胸寬13½"

領折線

前×2

前衣長26"

雙排扣
½"
3½"

尖立領夾克外套

假設尺寸

(A)・(B)

肩寬15 1/2"・16"

背長15"・15"

前長16"・16"

背寬14 1/2"・15"

胸寬14"・14 1/2"

乳上長9 1/2"・

　　9 3/4"(BP長)

乳間7"・7 1/4"(BP寬)

胸圍33"・35"(B)

腰圍25"・27"(W)

臀圍35"・37"(H)

袖長22"・22"

袖口9"・10"

袖圈20"・21"(AH)

上臂圍14"・15"(BC)

衣長22"・22"

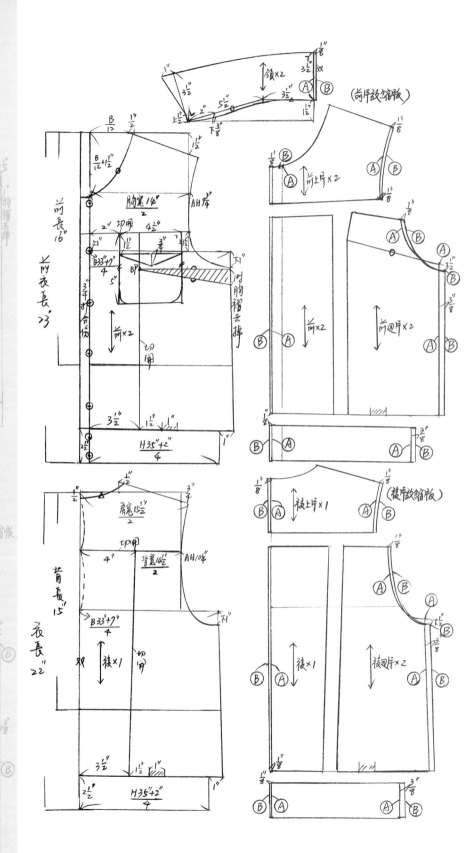

無領背心

假設尺寸

(A)‧(B)
肩寬15"‧15 1/2"
背長15"‧15"
前長16"‧16"
背寬14"‧15"
胸寬13 1/2"‧14"
乳上長9 1/2"‧
　　9 3/4"(BP長)
乳間7"‧7 1/2"(BP寬)
胸圍33"‧35"(B)
腰圍25"‧27"(W)
臀圍35"‧37"(H)
衣長19"‧19"

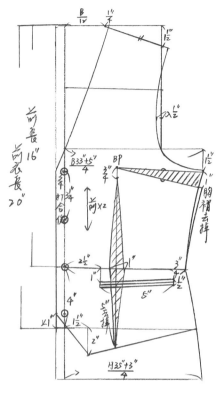
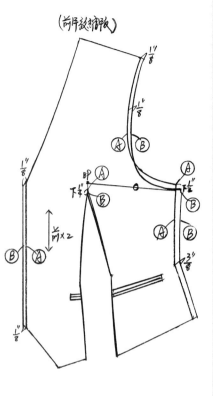
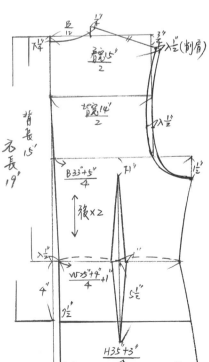
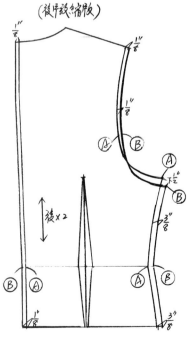

絲瓜領外套

假設尺寸

(A)・(B)

肩寬15 1/2"・16"
背長15"・15"
前長16"・16"
背寬14 1/2"・15"
胸寬14"・14 1/2"
乳上長9 1/2"・
　　　9 3/4"(BP長)
乳間7"・7 1/4"(BP寬)
胸圍33"・35"(B)
腰圍25"・27"(W)
臀圍35"・37"(H)
袖長22"・22"
袖口9"・10"
袖圈19 1/2"・
　　　20 1/2"(AH)
上臂圍14"・15"(BC)
衣長24"・24"

重點說明

(1)外套胸圍量實33"+6"=39"(B)胸圍39"一半19 1/2"是袖圈(AH)。

(2)外套量上臂圍實10"+4"鬆份=14"(BC)。

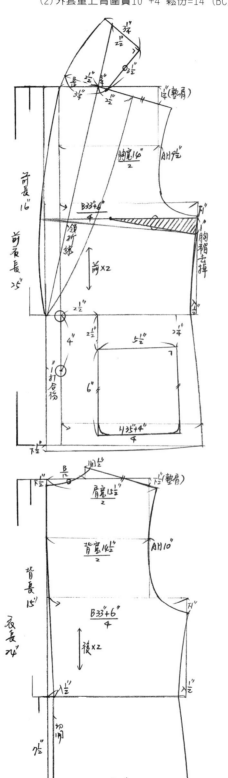

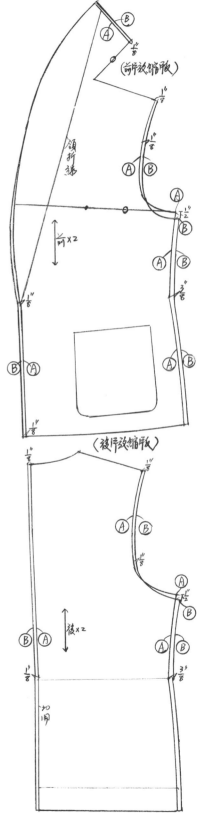

圓型公主線連身 高領外套

假設尺寸

(A)・(B)
肩寬15 1/2"・16"
背長15"・15"
前長16"・16"
背寬14 1/2"・15"
胸寬14"・14 1/2"
乳上長9 1/2"・
　　　9 3/4"(BP長)
乳間7"・7 1/4"(BP寬)
胸圍33"・35"(B)
腰圍25"・27"(W)
臀圍35"・37"(H)
袖長22"・22"
袖口9"・10"
袖圈19 1/2"・
　　　20 1/2"(AH)
上臂圍14"・15"(BC)
衣長25"・25"

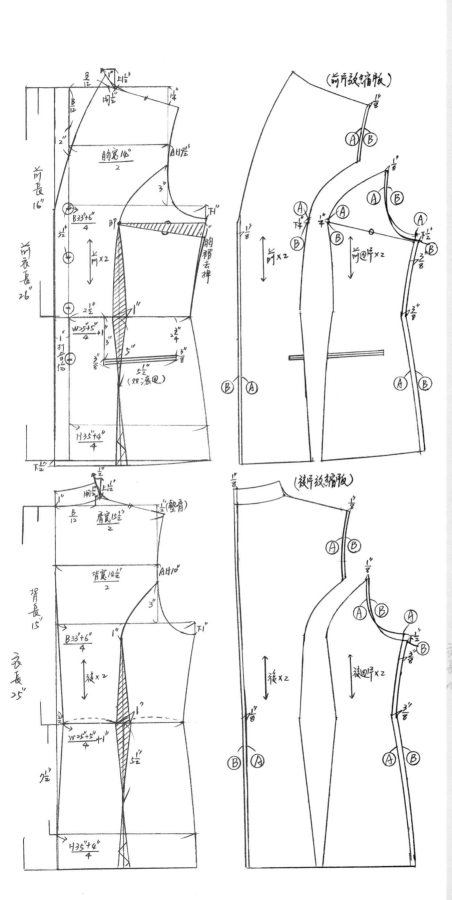

直型公主線
連領外套

假設尺寸

(A)・(B)

肩寬15 1/2"・16"

背長15"・15"

前長16"・16"

背寬14 1/2"・15"

胸寬14"・14 1/2"

乳上長9 1/2"・
　　　　9 3/4"(BP長)

乳間7"・7 1/4"(BP寬)

胸圍33"・35"(B)

腰圍25"・27"(W)

臀圍35"・37"(H)

袖長22"・22"

袖口9"・10"

袖圈19 1/2"・
　　　　20 1/2"(AH)

上臂圍14"・15"(BC)

衣長23"・23"

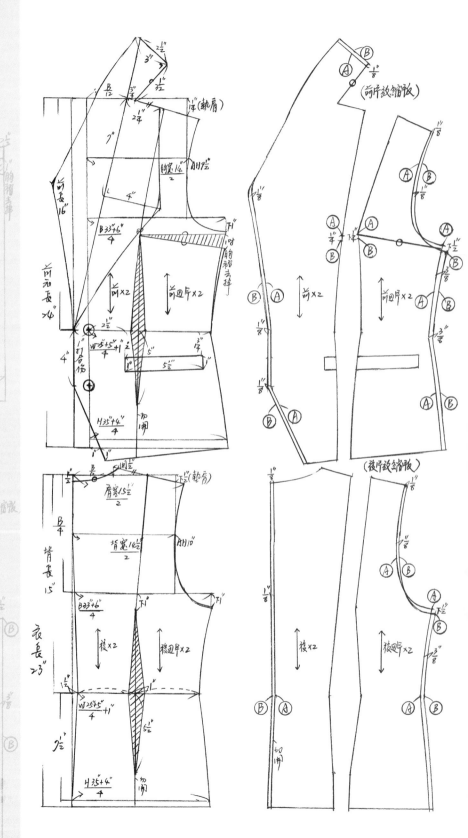

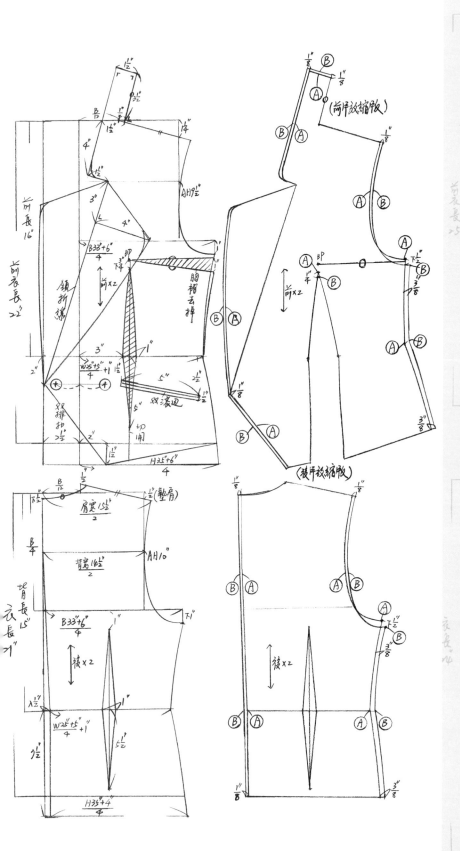

高領短外套

假設尺寸

(A) · (B)

肩寬15 1/2" · 16"

背長15" · 15"

前長16" · 16"

背寬14 1/2" · 15"

胸寬14" · 14 1/2"

乳上長9 1/2" ·

　　　9 3/4" (BP長)

乳間7" · 7 1/4" (BP寬)

胸圍33" · 35" (B)

腰圍25" · 27" (W)

臀圍35" · 37" (H)

袖長22" · 22"

袖口9" · 10"

袖圈19 1/2" ·

　　　20 1/2" (AH)

上臂圍14" · 15" (BC)

衣長21" · 21"

女西裝外套

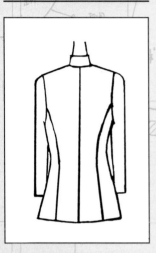

假設尺寸

(A) · (B)

肩寬15 1/2" · 16"
背長15" · 15"
前長16" · 16"
背寬14 1/2" · 15"
胸寬14" · 14 1/2"
乳上長9 1/2" ·
    9 3/4"(BP長)
乳間7" · 7 1/4"(BP寬)
胸圍33" · 35"(B)
腰圍25" · 27"(W)
臀圍35" · 37"(H)
袖長22" · 22"
袖口9" · 10"
袖圈19 1/2" ·
    20 1/2"(AH)
上臂圍14" · 15"(BC)
衣長26" · 26"

重點說明

(1) 外套胸圍實33"+6"=39"(B)，B39"一半是19 1/2袖圈(AH)。

(2) 外套量上臂圍實10"+4鬆份=14"(BC)。

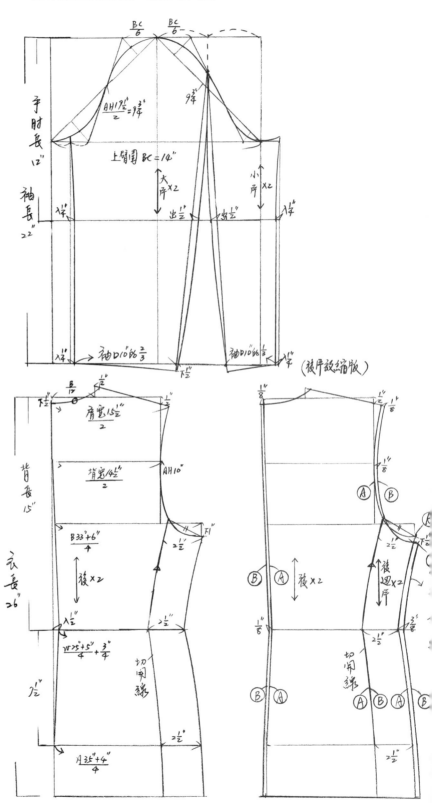

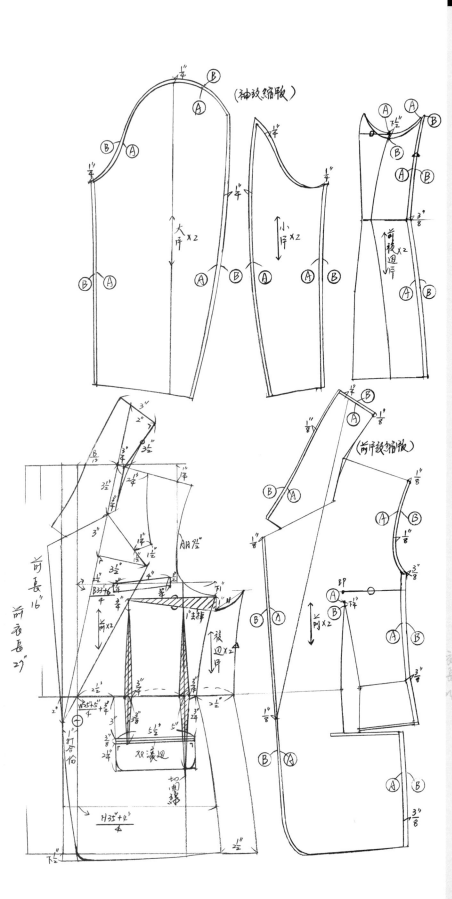

假設尺寸

(A) · (B)

肩寬15 1/2" · 16"

背長15" · 15"

前長16" · 16"

背寬14 1/2" · 15"

胸寬14" · 14 1/2"

乳上長9 1/2" ·
　　　9 3/4"(BP長)

乳間7" · 7 1/4"(BP寬)

胸圍33" · 35"(B)

腰圍25" · 27"(W)

臀圍35" · 37"(H)

袖長22" · 22"

袖口9" · 10"

袖圈19 1/2" ·
　　　20 1/2"(AH)

上臂圍14" · 15"(BC)

前衣長27" · 27"

雁子領雙排扣
西裝外套

假設尺寸

(A)・(B)

肩寬15 1/2"・16"
背長15"・15"
前長16"・16"
背寬14 1/2"・15"
胸寬14"・14 1/2"
乳上長9 1/2"・
　　　9 3/4"(BP長)
乳間7"・7 1/4"(BP寬)
胸圍33"・35"(B)
腰圍25"・27"(W)
臀圍35"・37"(H)
袖長22"・22"
袖口9"・10"
袖圈20"・21"(AH)
衣長26"・26"
前衣長：27"・27"

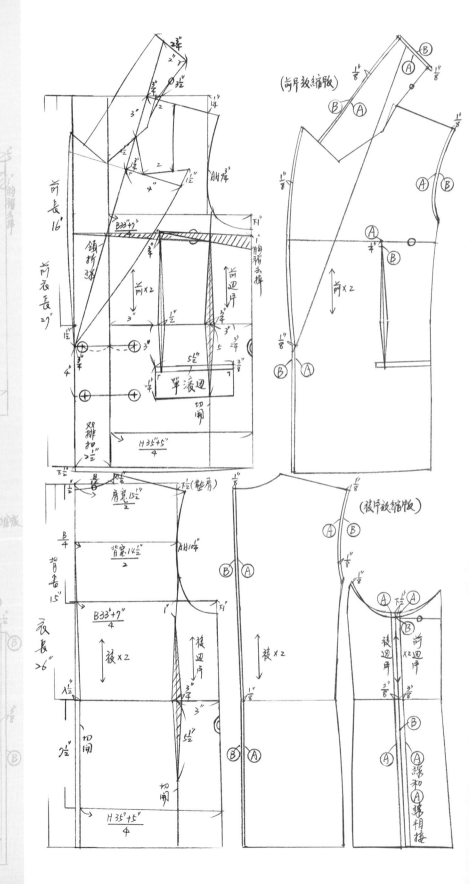

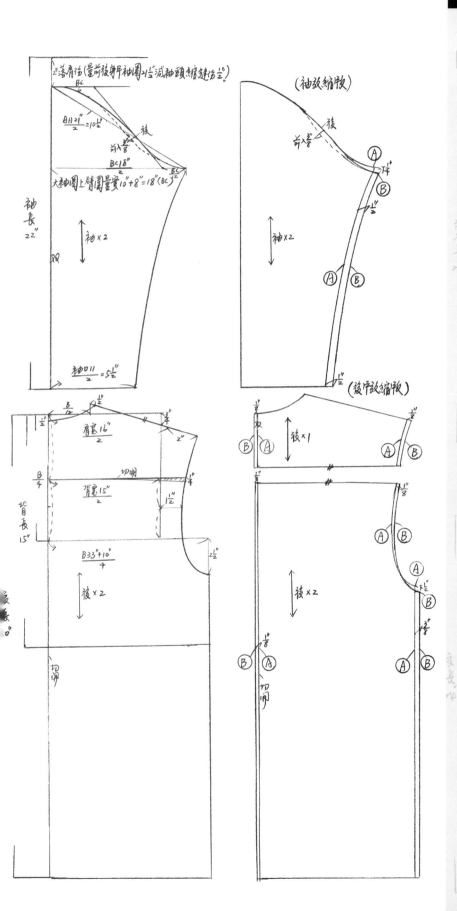

落肩袖帽子外套

假設尺寸

(A)・(B)

肩寬16"・16 1/2"
背長15"・15"
前長16"・16"
背寬15"・15 1/2"
胸寬14 1/2"・15"
乳上長9 1/2"・
　　　9 3/4"(BP長)
乳間7"・7 1/4"(BP寬)
胸圍33"・35"(B)
腰圍25"・27"(W)
臀圍35"・37"(H)
袖長22"・22"
袖口11"・12"
袖圈21"・22"(AH)
上臂圍18"・19"(BC)
衣長30"・30"

落肩袖帽子外套

假設尺寸

（A）・（B）

肩寬16"・16 1/2"
背長15"・15"
前長16"・16"
背寬15"・15 1/2"
胸寬14 1/2"・15"
乳上長9 1/2"・
　　　　9 3/4"（BP長）
乳間7"・7 1/4"（BP寬）
胸圍33"・35"（B）
腰圍25"・27"（W）
臀圍35"・37"（H）
袖長22"・22"
袖口11"・12"
袖圈21"・22"（AH）
上臂圍18"・19"（BC）
前衣長31"・31"

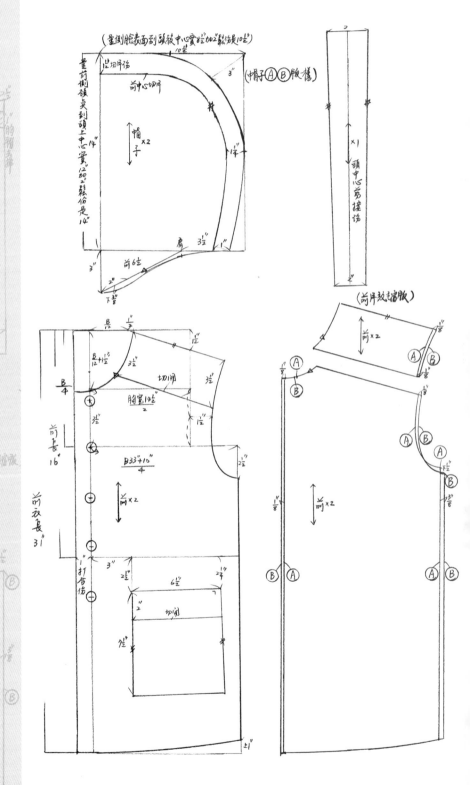

重點說明

(1) 高立領冬天外套裡面穿毛線領口畫較大,領圍加打合份直上2"弧度較彎上領口和下領口差2"。

(2) 連肩袖胸寬和背寬尺寸取等長。

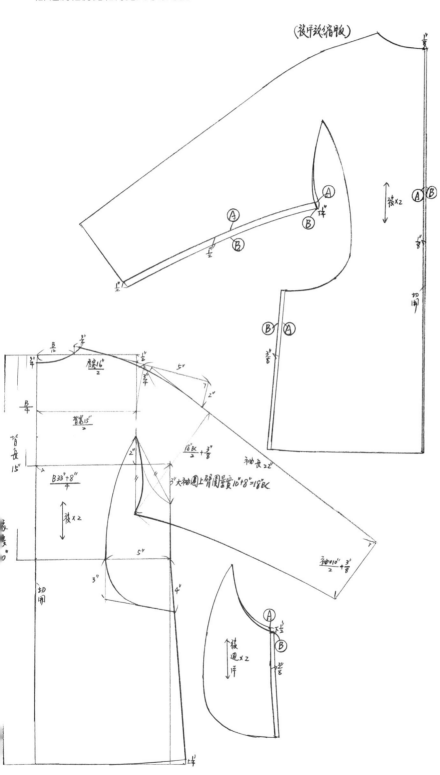

假設尺寸

(A)・(B)

肩寬16"・16 1/2"

背長15"・15"

前長16"・16"

背寬15"・15 1/2"

胸寬15"・15 1/2"

乳上長9 1/2"・

9 3/4"(BP長)

乳間7"・7 1/4"(BP寬)

胸圍33"・35"(B)

腰圍25"・27"(W)

臀圍35"・37"(H)

袖長22"・22"

袖口10"・11"

上臂圍18"・19"(BC)

衣長30"・30"

領圍18"・19"

高領連肩袖
中長外套

假設尺寸

(A) · (B)

肩寬16" · 16 1/2"
背長15" · 15"
前長16" · 16"
背寬15" · 15 1/2"
胸寬15" · 15 1/2"
乳上長9 1/2" ·
　　　　9 3/4"(BP長)
乳間7" · 7 1/4"(BP寬)
胸圍33" · 35"(B)
腰圍25" · 27"(W)
臀圍35" · 37"(H)
袖長22" · 22"
袖口10" · 11"
上臂圍18" · 19"(BC)
前衣長31" · 31"
領圍18" · 19"

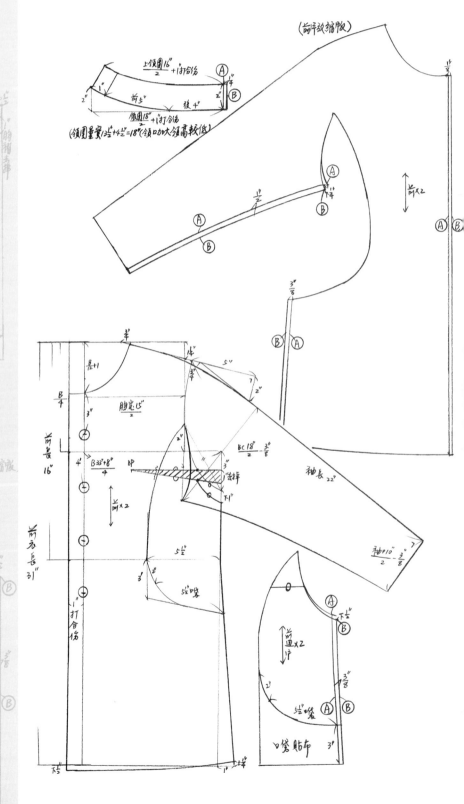

連身高領連肩袖
中長外套

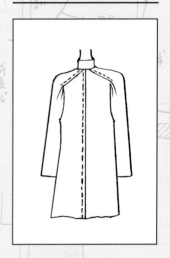

假設尺寸

(A)・(B)

肩寬16"・16 1/2"

背長15"・15"

前長16"・16"

背寬15"・15 1/2"

胸寬15"・15 1/2"

乳上長9 1/2"・
　　　　9 3/4"(BP長)

乳間7"・7 1/4"(BP寬)

胸圍33"・35"(B)

腰圍25"・27"(W)

臀圍35"・37"(H)

袖長22"・22"

袖口10"・11"

上臂圍18"・19"(BC)

衣長30"・30"

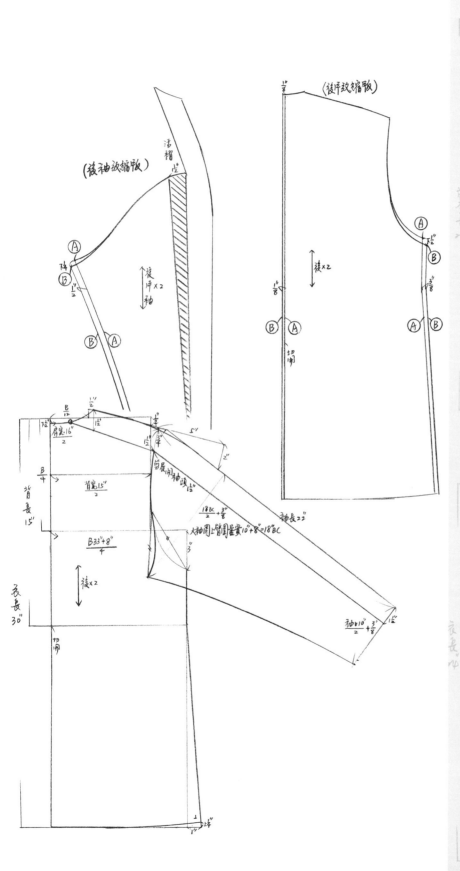

連身高領連肩袖
中長外套

假設尺寸

(A) · (B)

肩寬16" · 16 1/2"

背長15" · 15"

前長16" · 16"

背寬15" · 15 1/2"

胸寬15" · 15 1/2 "

乳上長9 1/2" ·
　　　　9 3/4"(BP長)

乳間7" · 7 1/4"(BP寬)

胸圍33" · 35"(B)

腰圍25" · 27"(W)

臀圍35" · 37"(H)

袖長22" · 22"

袖口10" · 11"

上臂圍18" · 19"(BC)

前衣長31" · 31"

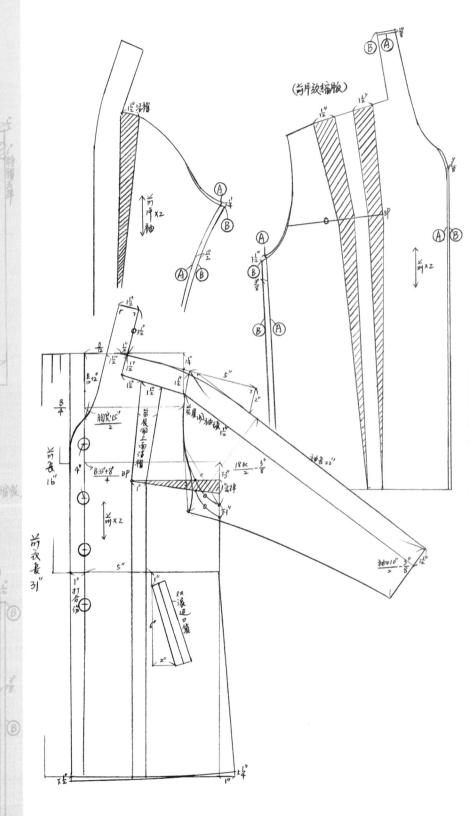

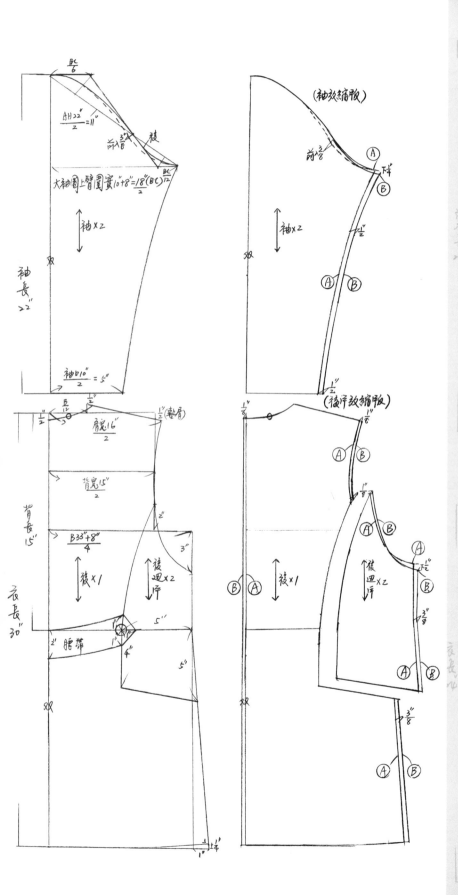

重疊領中長外套

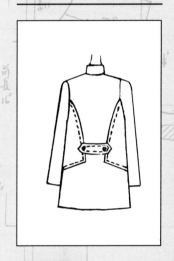

假設尺寸

（A）・（B）

肩寬16"・16 1/2"
背長15"・15"
前長16"・16"
背寬15"・15 1/2"
胸寬14 1/2"・15"
乳上長9 1/2"・
　　　9 3/4"（BP長）
乳間7"・7 1/4"（BP寬）
胸圍33"・35"（B）
腰圍25"・27"（W）
臀圍35"・37"（H）
袖長22"・22"
袖口10"・11"
袖圈22"・23"（AH）
上臂圍18"・19"（BC）
衣長30"・30"

重疊領中長外套

假設尺寸

(A)・(B)

肩寬16"・16 1/2"

背長15"・15"

前長16"・16"

背寬15"・15 1/2"

胸寬14 1/2"・15"

乳上長9 1/2"・

　　　9 3/4"(BP長)

乳間7"・7 1/4"(BP寬)

胸圍33"・35"(B)

腰圍25"・27"(W)

臀圍35"・37"(H)

袖長22"・22"

袖口10"・11"

袖圈22"・23"(AH)

上臂圍18"・19"(BC)

前衣長31"・31"

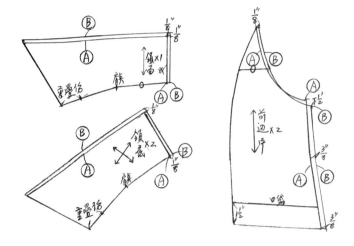

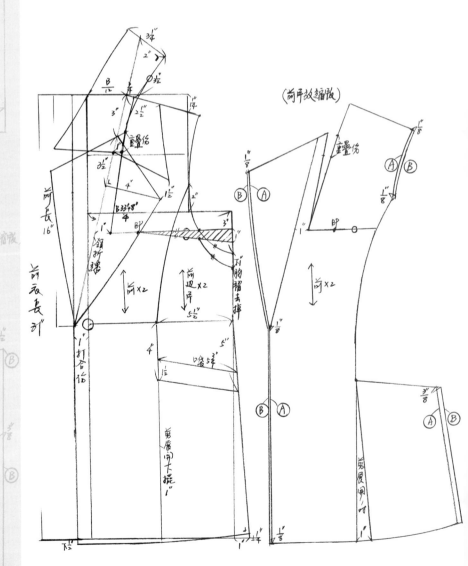

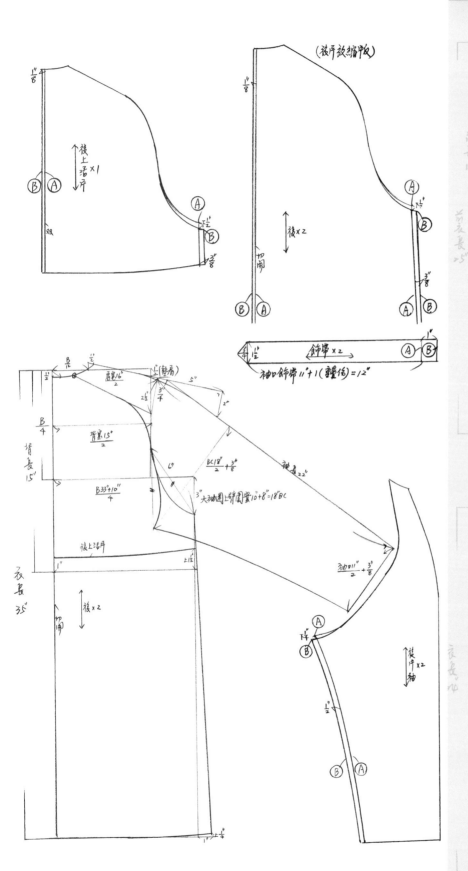

連肩袖中長大衣

假設尺寸

(A)・(B)

肩寬16"・16 1/2"

背長15"・15"

前長16"・16"

背寬15"・15 1/2"

胸寬15"・15 1/2"

乳上長9 1/2"・
　　　　9 3/4"(BP長)

乳間7"・7 1/4"(BP寬)

胸圍33"・35"(B)

腰圍25"・27"(W)

臀圍35"・37"(H)

袖長22"・22"

袖口11"・12"

上臂圍18"・19"(BC)

衣長35"・35"

連肩袖中長大衣

假設尺寸

(A)・(B)
肩寬16"・16 1/2"
背長15"・15"
前長16"・16"
背寬15"・15 1/2"
胸寬15"・15 1/2"
乳上長9 1/2"・
　　　9 3/4"(BP長)
乳間7"・7 1/4"(BP寬)
胸圍33"・35"(B)
腰圍25"・27"(W)
臀圍35"・37"(H)
袖長22"・22"
袖口11"・12"
上臂圍18"・19"(BC)
前衣長36"・36"

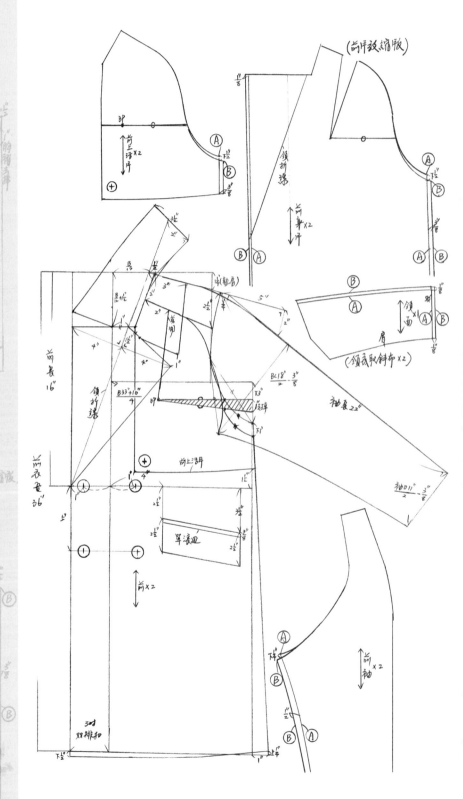

披領中長大衣

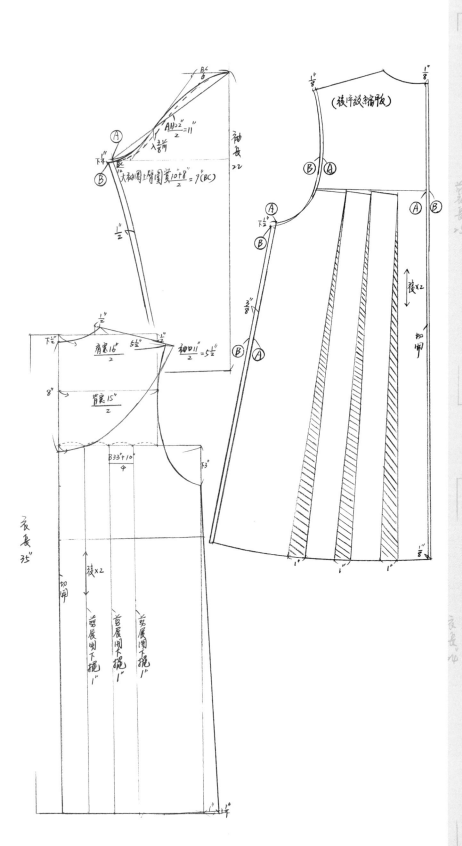

假設尺寸

(A)‧(B)

肩寬16"‧16 1/2"

背長15"‧15"

前長16"‧16"

背寬15"‧15 1/2"

胸寬14 1/2"‧15"

乳上長9 1/2"‧
　　　　9 3/4"(BP長)

乳間7"‧7 1/4"(BP寬)

胸圍33"‧35"(B)

腰圍25"‧27"(W)

臀圍35"‧37"(H)

袖長22"‧22"

袖口11"‧12"

袖圈22"‧23"(AH)

上臂圍18"‧19"(BC)

衣長35"‧35"

披領中長大衣

假設尺寸

(A)・(B)
肩寬16"・16 1/2"
背長15"・15"
前長16"・16"
背寬15"・15 1/2"
胸寬14 1/2"・15"
乳上長9 1/2"・
　　　9 3/4"(BP長)
乳間7"・7 1/4"(BP寬)
胸圍33"・35"(B)
腰圍25"・27"(W)
臀圍35"・37"(H)
袖長22"・22"
袖口11"・12"
袖圈22"・23"(AH)
上臂圍18"・19"(BC)
前衣長36"・36"

重點說明

(1) 前肩和後肩在外領圍重疊1吋使外領圍比身片短才不會看到領接線領高1/4"也可重疊2"外領圍較短領高1/2"。

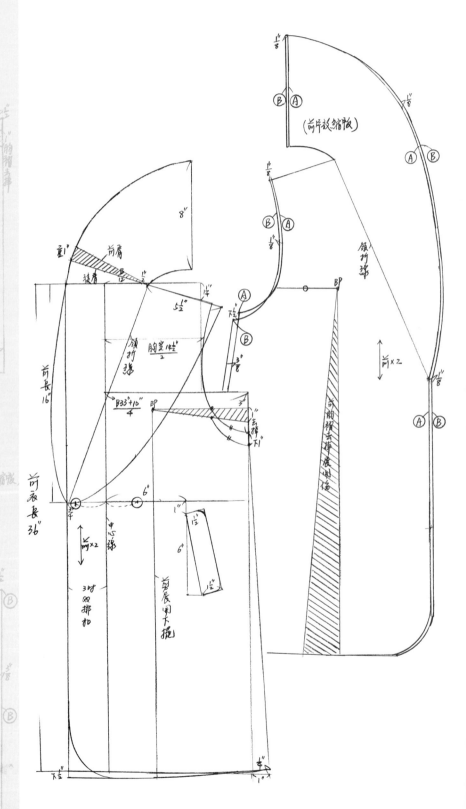

（火立領放縮版）

（後片放縮版）

肩寬16″
2

背寬15″
2

AH10½″

B 33″+8″
4

H35″+6″
4

後x2

後x2

背長
15

衣長
40″

圓型公主線尖立領大衣

假設尺寸

(A)・(B)

肩寬16″・16 1/2″

背長15″・15″

前長16″・16″

背寬15″・15 1/2″

胸寬14 1/2″・15″

乳上長9 1/2″・
　　9 3/4″(BP長)

乳間7″・7 1/4″(BP寬)

胸圍33″・35″(B)

腰圍25″・27″(W)

臀圍35″・37″(H)

袖長22″・22″

袖口10″・11″

袖圈20 1/2″・
　　21 1/2″(AH)

上臂圍15″・16″(BC)

衣長40″・40″

圓型公主型大衣

假設尺寸

(A) · (B)

肩寬16" · 16 1/2"
背長15" · 15"
前長16" · 16"
背寬15" · 15 1/2"
胸寬14 1/2" · 15"
乳上長9 1/2" ·
　　　9 3/4"(BP長)
乳間7" · 7 1/4"(BP寬)
胸圍33" · 35"(B)
腰圍25" · 27"(W)
臀圍35" · 37"(H)
袖長22" · 22"
袖口10" · 11"
袖圈20 1/2" ·
　　　21 1/2"(AH)
上臂圍15" · 16"(BC)
前衣長41" · 41"

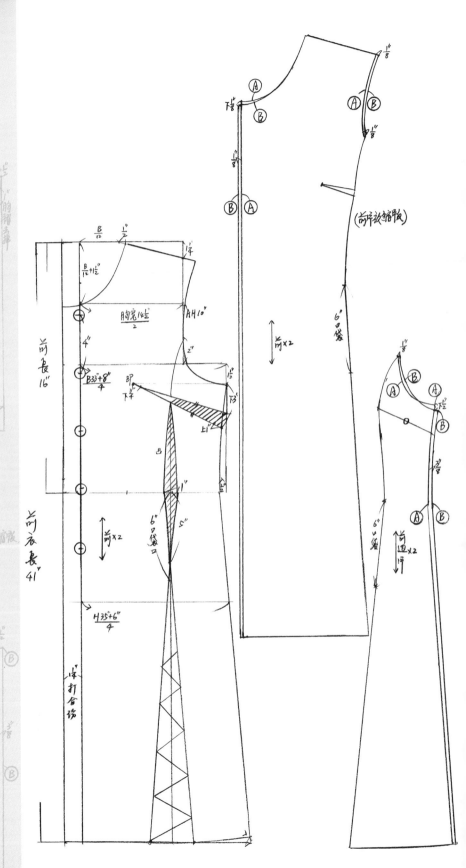

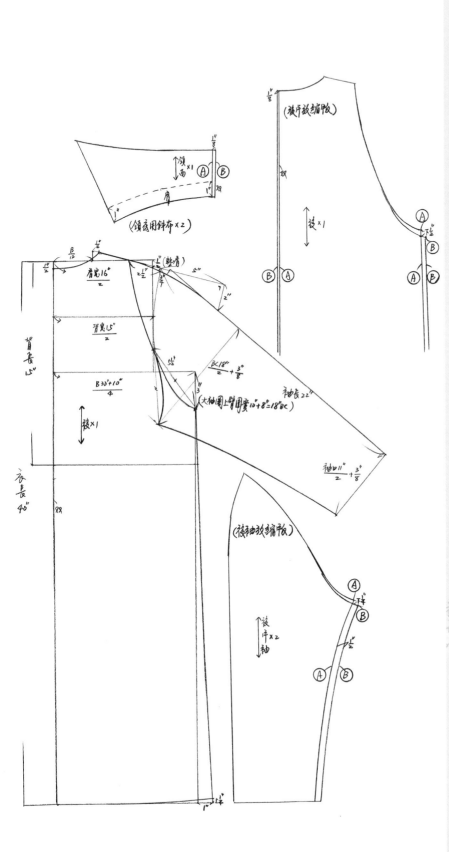

五角領連肩袖大衣

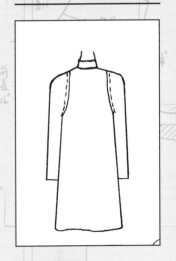

假設尺寸

(A) · (B)

肩寬16" · 16 1/2"

背長15" · 15"

前長16" · 16"

背寬15" · 15 1/2"

胸寬15" · 15 1/2"

乳上長9 1/2" ·

　　　9 3/4"(BP長)

乳間7" · 7 1/4"(BP寬)

胸圍33" · 35"(B)

腰圍25" · 27"(W)

臀圍35" · 37"(H)

袖長22" · 22"

袖口11" · 12"

上臂圍18" · 19"(BC)

衣長40" · 40"

五角領連肩袖大衣

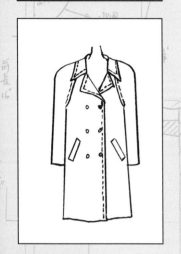

假設尺寸

(A)・(B)

肩寬16"・16 1/2"

背長15"・15"

前長16"・16"

背寬15"・15 1/2"

胸寬15"・15 1/2"

乳上長9 1/2"・

　　　9 3/4"(BP長)

乳間7"・7 1/4"(BP寬)

胸圍33"・35"(B)

腰圍25"・27"(W)

臀圍35"・37"(H)

袖長22"・22"

袖口11"・12"

上臂圍18"・19"(BC)

衣長41"・41"

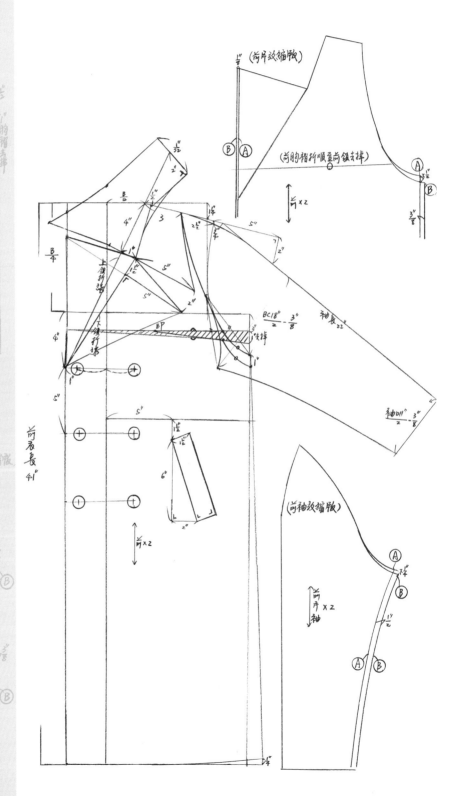

特殊體型裙子變化

重點說明

(1) 腰腹部較大或腹和臀部一樣大的要量腹圍實的尺寸加1"鬆份延長到下擺。

(2) 因有的體型後腰身較低所以複中心下1/4"。

(3) 腰圍較大旁邊弧度較直,所以腰上1/2"腰打褶份3/4"·1/2"寬長度取到腹部。

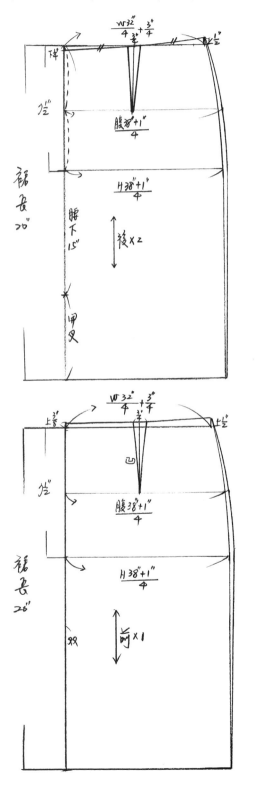

腰腹較大體型 裙子變化

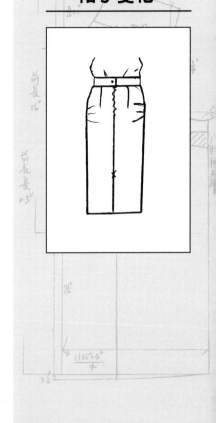

假設尺寸

腰圍32"(W)

腹圍38"

臀圍38"(H)

裙長20"(L)

側邊不貼身體型
裙子變化

假設尺寸

腰圍25" (W)
臀圍35" (H)
裙長20" (L)

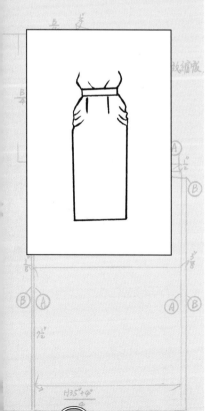

(1) 腹部較大體型或是用皮、假皮化學皮製的做裙子，在腹部旁邊會一點波浪不貼身所以在腹部旁邊去掉1/4"展開到腰多打一個腰褶穿起來立體好看。

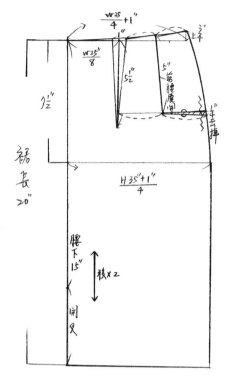

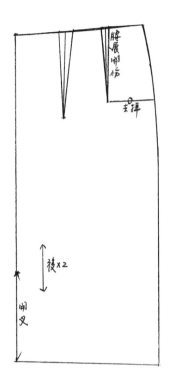

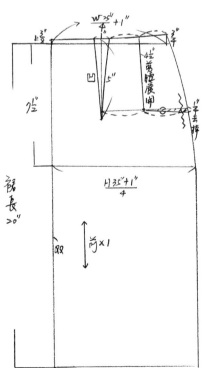

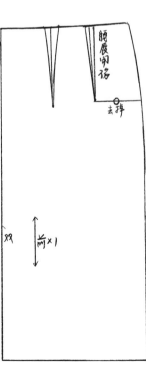

特殊體型的長褲變化

重點說明

(1)前檔短前中心腰下1/2"，旁邊腰下4"去掉1/4"旁邊較貼身，不會有縐紋。

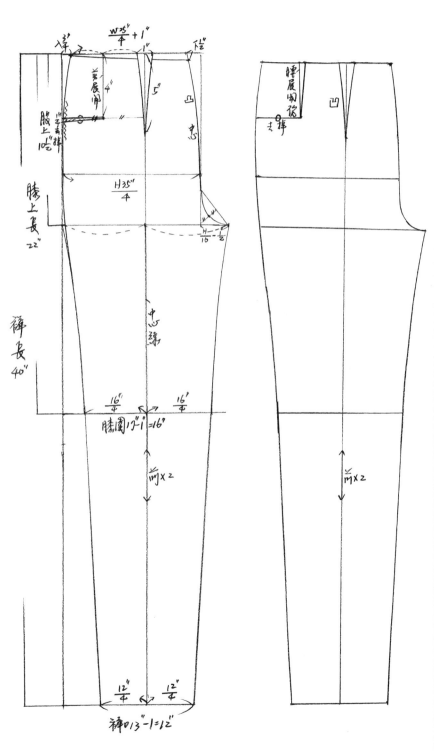

前檔短後檔長體型變化

假設尺寸

腰圍25"（W）
臀圍35"（H）
褲長40"（L）
股上10 1/2"
膝上長22"
膝圍17"
褲口13"

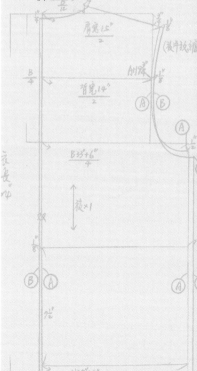

後檔較長
體型變化

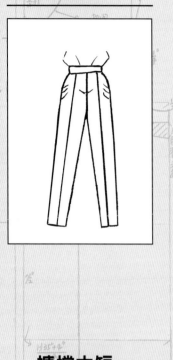

褲檔太短
體型變化

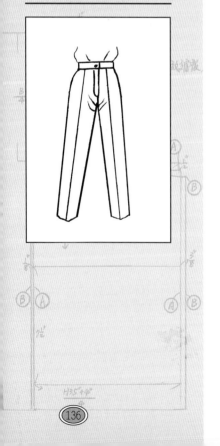

重點說明

(1) 後片旁邊腰下4"去掉1/4"後中心剪展開1"旁邊較貼身後褲檔加長1"。

(2) 褲檔下方弧度不夠可分3份取1/3"畫較彎弧度。

(3) 後腰褶去掉1/2"後中心剪展開1"使後褲檔加長。

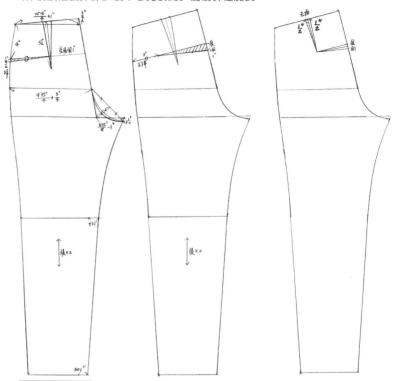

重點說明

(1) 褲檔太短把前後褲檔往下車弧度前後中心就不會有縐紋。

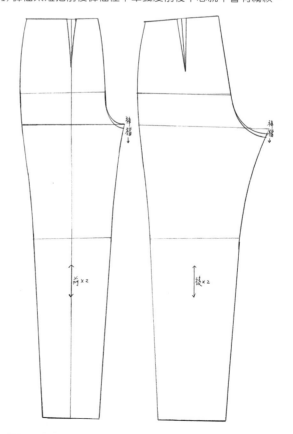

重點說明

(1)臀圍和大腿圍太大時用珠針把鬆份固定再車入就合身好看。

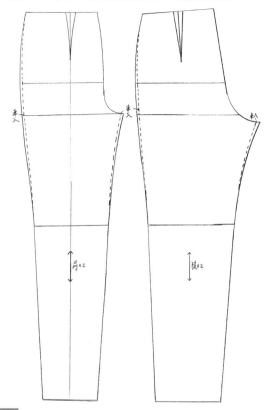

重點說明

(1)大腿圍尺寸不足在前後片側邊和內側大腿位置加出鬆份畫弧度到膝圍。

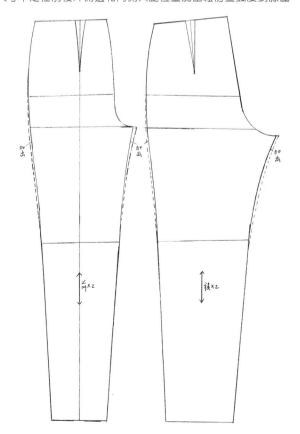

臀圍大腿圍大變化

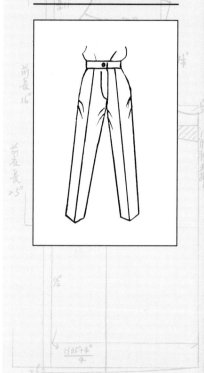

大腿圍尺寸不足變化

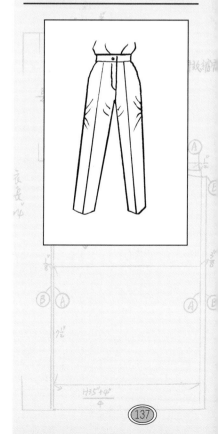

肩背較厚平肩
體型變化

假設尺寸

(A)・(B)

肩寬15"
背長15"
前長16"
背寬14"
胸寬13 1/2"
乳上長9 1/2"
乳間7"

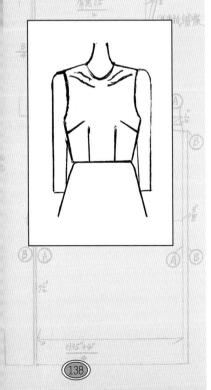

(1)肩背較厚平肩體型把肩線提高後領口下面才會平順貼身,前領口在側頸肩線位置才會平順。

（標準体型）

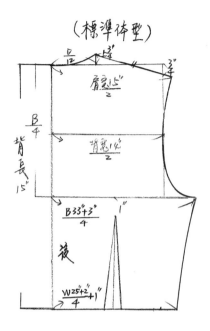

（後肩線提高）

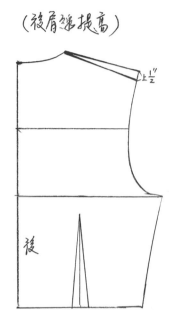

（標準体型）

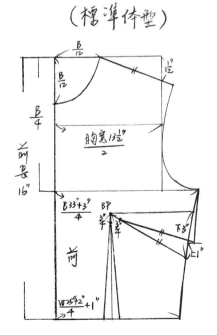

（前肩提高）

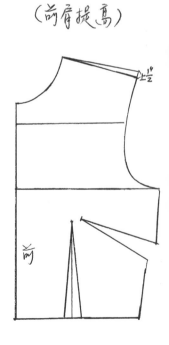

重點說明

(1)後背袖圈去掉1/4"展開肩線打褶把橫條紋去掉後背袖圈就平順。

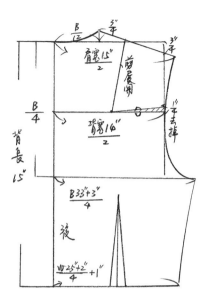

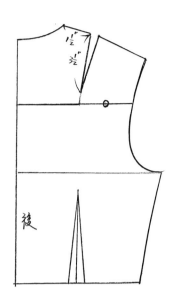

重點說明

(1)後中背突出稍微駝背把後袖圈縐紋去掉展開後中心把背加長後片才不會太短。

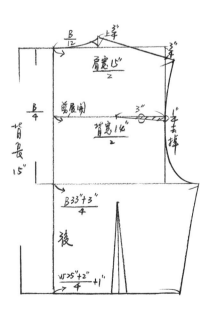

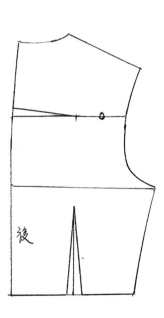

後背袖圈縐紋
體型變化

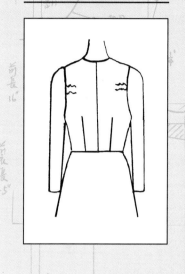

後中背突出
體型變化

前後袖圈
太小變化

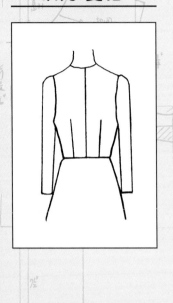

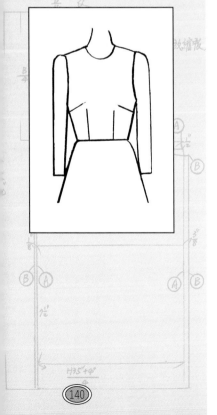

重點說明

(1) 袖圈太小把前後袖圈腋下處往下剪把袖圈放大。

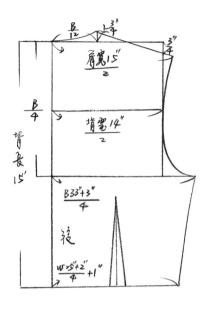

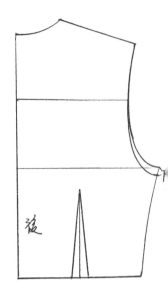

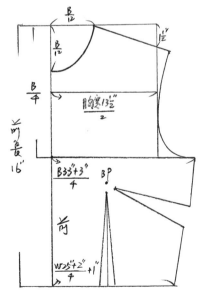

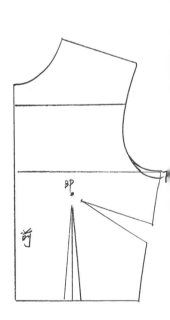

重點說明

(1)一般領口後片領口開大1 1/2"前片領口要比後片領口少開1/2"這樣前領口才
不會有縐紋。

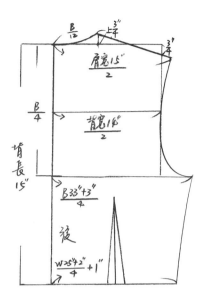

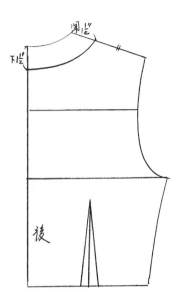

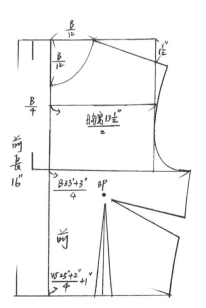

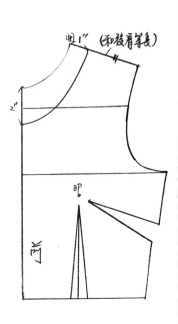

**前領口太
鬆大變化**

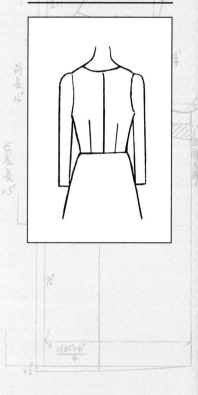

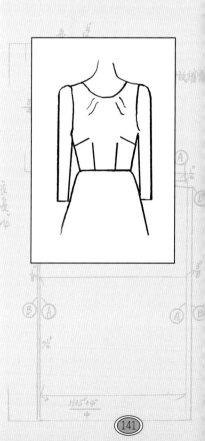

前領口太小變化

前袖圈太大胸褶份不夠變化

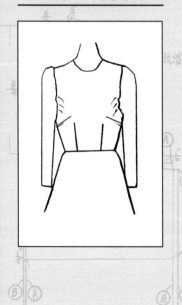

重點說明

(1)前領口太小往下挖大即可。

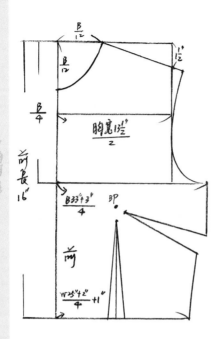

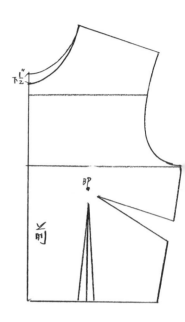

重點說明

(1)前袖圈太大用珠針把多餘的份固定車袖圈褶就貼身好看。

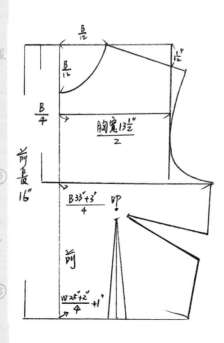

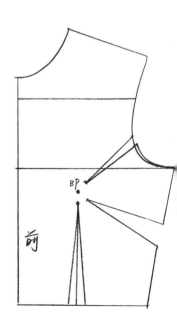

重點說明

（1）肩、後背前胸太大肩會垂下後背和前胸有直型的縐紋。

（2）用珠針固定好把多餘去掉，衣服自然平順。

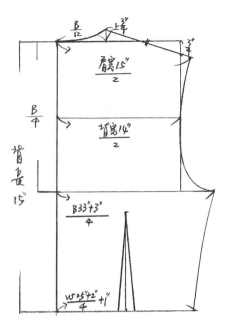

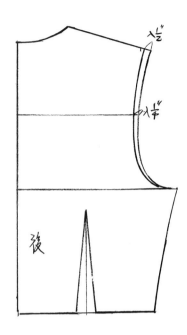

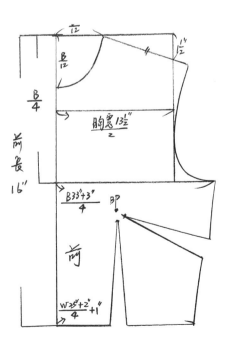

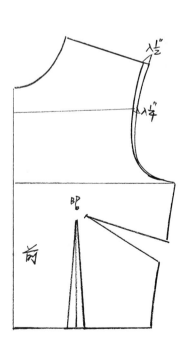

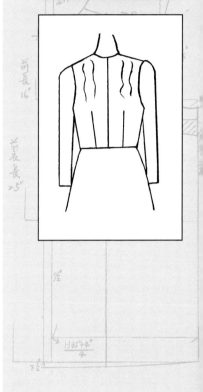

後背中心縐紋
體型變化

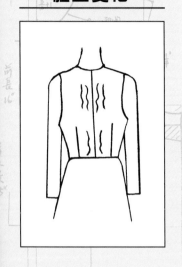

背長太長
體型變化

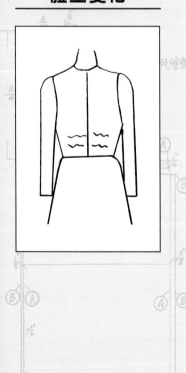

重點說明

(1)後中心縐紋用珠針把多餘固定就平順。

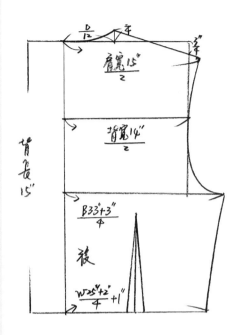
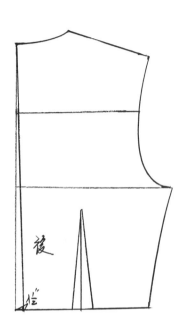

重點說明

(1)在後中心腰上2"位置用珠針固定把背長折短就平順。

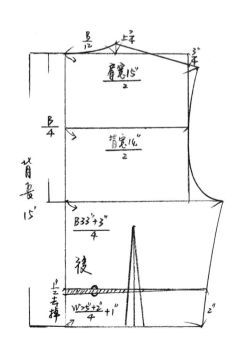
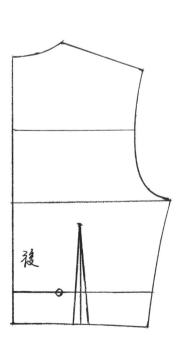

重點說明

(1) 前長太短胸褶份不夠把前長加1/2"前胸褶多1/2"把1/2"胸褶去掉展開到袖圈打褶。

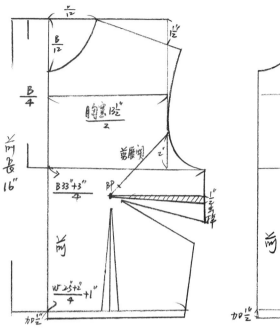

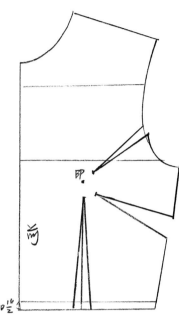

重點說明

(1) 把前中心紙型去掉1/2"前中心領口會傾斜把中心畫直前領口去掉前領口比後領口小,這樣前領口和前中心就貼身。

(2) 例如有的衣服前中心裝拉鍊才不會突出。

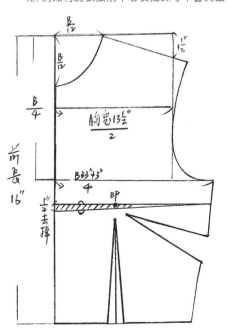

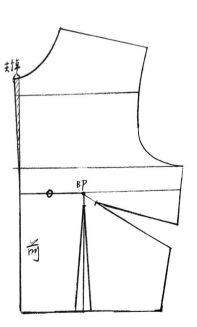

**前長太短
體型變化**

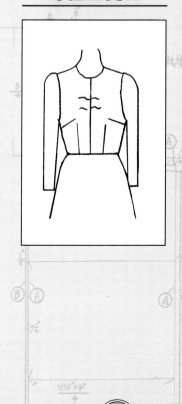

**前中心不貼
身體型變化**

肩較斜體型變化

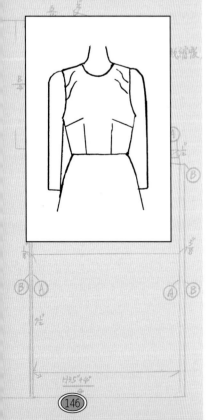

(1)由側頸點斜向袖下縐紋,是垂肩體型毛病。

(2)在肩線靠袖圈的位置把多餘的部份用珠針固定,肩就平順。

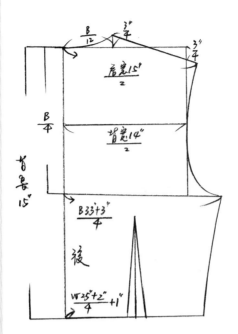

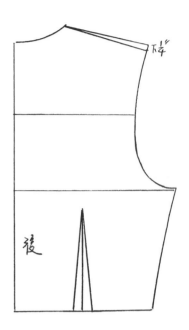

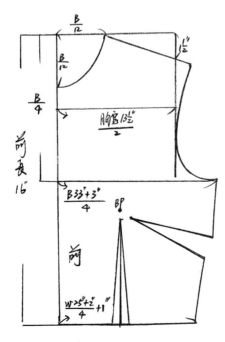

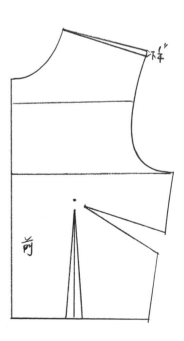

重點說明

(1)袖山太長袖頭有鬆褶袖腋下側邊不順把袖山折短袖頭才平順。

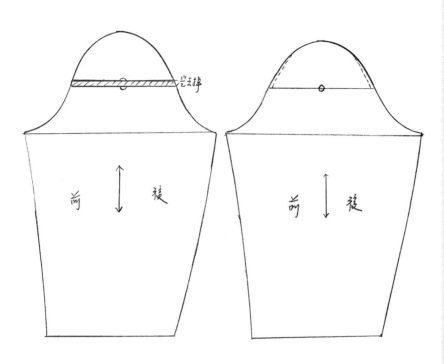

重點說明

(1)袖山太短可在袖前後腋下處往下修改把袖山拉長袖腋下側邊不會有縐紋。

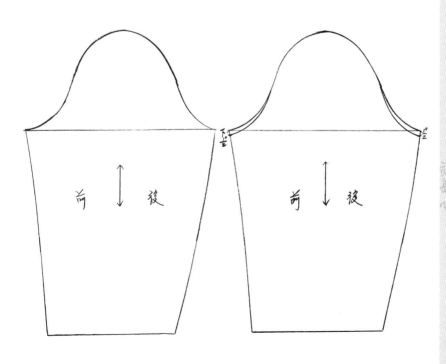

袖山太長變化

袖山太短變化

新形象出版圖書目錄

郵撥: 0510716-5　陳偉賢　地址: 北縣中和市中和路322號8F之1
TEL: 29207133・29278446　FAX: 29290713

一. 美術設計類

代碼	書名	定價
00001-01	新插畫百科(上)	400
00001-02	新插畫百科(下)	400
00001-04	世界名家包裝設計(大8開)	600
00001-06	世界名家插畫專輯(大8開)	600
00001-09	世界名家兒童插畫(大8開)	650
00001-05	藝術.設計的平面構成	380
00001-10	商業美術設計(平面應用篇)	450
00001-07	包裝結構設計	400
00001-11	廣告視覺媒體設計	400
00001-15	應用美術.設計	400
00001-16	插畫藝術設計	400
00001-18	基礎造型	400
00001-21	商業電腦繪圖設計	500
00001-22	商標造型創作	380
00001-23	插畫彙編(事物篇)	380
00001-24	插畫彙編(交通工具篇)	380
00001-25	插畫彙編(人物篇)	380
00001-28	版面設計基本原理	480
00001-29	D.T.P(桌面排版)設計入門	480
X0001	印刷設計圖案(人物篇)	380
X0002	印刷設計圖案(動物篇)	380
X0003	圖案設計(花木篇)	350
X0015	裝飾花邊圖案集成	450
X0016	實用聖誕圖案集成	380

二. POP 設計

代碼	書名	定價
00002-03	精緻手繪POP字體3	400
00002-04	精緻手繪POP海報4	400
00002-05	精緻手繪POP展示5	400
00002-06	精緻手繪POP應用6	400
00002-08	精緻手繪POP字體8	400
00002-09	精緻手繪POP插圖9	400
00002-10	精緻手繪POP畫典10	400
00002-11	精緻手繪POP個性字11	400
00002-12	精緻手繪POP校園篇12	400
00002-13	POP廣告 1.理論&實務篇	400
00002-14	POP廣告 2.麥克筆字體篇	400
00002-15	POP廣告 3.手繪創意字篇	400
00002-18	POP廣告 4.手繪POP製作	400

代碼	書名	定價
00002-22	POP廣告 5.店頭海報設計	450
00002-21	POP廣告 6.手繪POP字體	400
00002-26	POP廣告 7.手繪海報設計	450
00002-27	POP廣告 8.手繪軟筆字體	400
00002-16	手繪POP的理論與實務	400
00002-17	POP 字體篇-POP 正體自學1	450
00002-19	POP 字體篇-POP 個性自學2	450
00002-20	POP 字體篇-POP 變體字3	450
00002-24	POP 字體篇-POP 變體字4	450
00002-31	POP 字體篇-POP 創意自學5	450
00002-23	海報設計 1. POP秘笈-學習	500
00002-25	海報設計 2. POP秘笈-綜合	450
00002-28	海報設計 3.手繪海報	450
00002-29	海報設計 4.精緻海報	500
00002-30	海報設計 5.店頭海報	500
00002-32	海報設計 6.創意海報	450
00002-34	POP高手1-POP字體(變體字)	400
00002-33	POP高手2-POP商業廣告	400
00002-35	POP高手3-POP廣告實例	400
00002-36	POP高手4-POP實務	400
00002-39	POP高手5-POP插畫	400
00002-37	POP高手6-POP視覺海報	400
00002-38	POP高手7-POP校園海報	400

三.室內設計透視圖

代碼	書名	定價
00003-01	籃白相間裝飾法	450
00003-03	名家室內設計作品專集(8開)	600
00002-05	室內設計製圖實務與圖例	650
00003-05	室內設計製圖	650
00003-06	室內設計基本製圖	350
00003-07	美國最新室內透視圖表現1	500
00003-08	展覽空間規劃	650
00003-09	店面設計入門	550
00003-10	流行店面設計	450
00003-11	流行餐飲店設計	480
00003-12	居住空間的立體表現	500
00003-13	精緻室內設計	800
00003-14	室內設計製圖實務	450
00003-15	商店透視-麥克筆技法	500
00003-16	室內外空間透視表現法	480
00003-18	室內設計配色手冊	350

00003-21	休閒俱樂部.酒吧與舞台	1,200
00003-22	室內空間設計	500
00003-23	櫥窗設計與空間處理(平)	450
00003-24	博物館&休閒公園展示設計	800
00003-25	個性化室內設計精華	500
00003-26	室內設計&空間運用	1,000
00003-27	萬國博覽會&展示會	1,200
00003-33	居家照明設計	950
00003-34	商業照明-創造活潑生動的	1,200
00003-29	商業空間-辦公室.空間.傢俱	650
00003-30	商業空間-酒吧.旅館及餐廳	650
00003-31	商業空間-商店.巨型百貨公司	650
00003-35	商業空間-辦公傢俱	700
00003-36	商業空間-精品店	700
00003-37	商業空間-餐廳	700
00003-38	商業空間-店面櫥窗	700
00003-39	室內透視繪製實務	600
00003-40	家居空間設計與快速表現	450
00003-41	室內空間徒手表現	600

四.圖學

代碼	書名	定價
00004-01	綜合圖學	250
00004-02	製圖與識圖	280
00004-04	基本透視實務技法	400
00004-05	世界名家透視圖全集(大8開)	600

五.色彩配色

代碼	書名	定價
00005-01	色彩計畫(北星)	350
00005-02	色彩心理學-初學者指南	400
00005-03	色彩與配色(普級版)	300
00005-05	配色事典(1)集	330
00005-05	配色事典(2)集	330
00005-07	色彩計畫實用色票集+129a	480

六. SP 行銷.企業識別設計

代碼	書名	定價
00006-01	企業識別設計(北星)	450
B0209	企業識別系統	400
00006-02	商業名片(1)-(北星)	450
00006-03	商業名片(2)-創意設計	450
00006-05	商業名片(3)-創意設計	450

00006-06	最佳商業手冊設計	600
A0198	日本企業識別設計(1)	400
A0199	日本企業識別設計(2)	400

七.造園景觀

代碼	書名	定價
00007-01	造園景觀設計	1,200
00007-02	現代都市街道景觀設計	1,200
00007-03	都市水景設計之要素與概	1,200
00007-05	最新歐洲建築外觀	1,500
00007-06	觀光旅館設計	800
00007-07	景觀設計實務	850

八. 繪畫技法

代碼	書名	定價
00008-01	基礎石膏素描	400
00008-02	石膏素描技法專集(大8開)	450
00008-03	繪畫思想與造形理論	350
00008-04	魏斯水彩畫專集	650
00008-05	水彩靜物圖解	400
00008-06	油彩畫技法1	450
00008-07	人物靜物的畫法	450
00008-08	風景表現技法 3	450
00008-09	石膏素描技法4	450
00008-10	水彩.粉彩表現技法5	450
00008-11	描繪技法6	350
00008-12	粉彩表現技法7	400
00008-13	繪畫表現技法8	500
00008-14	色鉛筆描繪技法9	400
00008-15	油畫配色精要10	400
00008-16	鉛筆技法11	350
00008-17	基礎油畫12	450
00008-18	世界名家水彩(1)(大8開)	650
00008-20	世界水彩畫家專集(3)(大8開)	650
00008-22	世界名家水彩專集(5)(大8開)	650
00008-23	壓克力畫技法	400
00008-24	不透明水彩技法	400
00008-25	新素描技法解說	350
00008-26	畫鳥.話鳥	450
00008-27	噴畫技法	600
00008-29	人體結構與藝術構成	1,300
00008-30	藝用解剖學(平裝)	350

代碼	書名	定價
00008-65	中國畫技法(CD/ROM)	500
00008-32	千嬌百態	450
00008-33	世界名家油畫專集(大8開)	650
00008-34	插畫技法	450
00008-37	粉彩畫技法	450
00008-38	實用繪畫範本	450
00008-39	油畫基礎畫法	450
00008-40	用粉彩來捕捉個性	550
00008-41	水彩拼貼技法大全	650
00008-42	人體之美實體素描技法	400
00008-44	噴畫的世界	500
00008-45	水彩技法圖解	450
00008-46	技法1-鉛筆畫技法	350
00008-47	技法2-粉彩筆畫技法	450
00008-48	技法3-沾水筆.彩色墨水技法	450
00008-49	技法4-野生植物畫法	400
00008-50	技法5-油畫質感	450
00008-57	技法6-陶藝教室	400
00008-59	技法7-陶藝彩繪的裝飾技巧	450
00008-51	如何引導觀畫者的視線	450
00008-52	人體素描-裸女繪畫的姿勢	400
00008-53	大師的油畫祕訣	750
00008-54	創造性的人物速寫技法	600
00008-55	壓克力膠彩全技法	450
00008-56	畫彩百科	500
00008-58	繪畫技法與構成	450
00008-60	繪畫藝術	450
00008-61	新麥克筆的世界	660
00008-62	美少女生活插畫集	450
00008-63	軍事插畫集	500
00008-64	技法6-品味陶藝專門技法	400
00008-66	精細素描	300
00008-67	手槍與軍事	350
00008-71	藝術讚頌	250

九. 廣告設計.企劃

代碼	書名	定價
00009-02	CI與展示	400
00009-03	企業識別設計與製作	400
00009-04	商標與CI	400
00009-05	實用廣告學	300
00009-11	1-美工設計完稿技法	300

代碼	書名	定價
00009-12	2-商業廣告印刷設計	450
00009-13	3-包裝設計典線面	450
00001-14	4-展示設計(北星)	450
00009-15	5-包裝設計	450
00009-14	CI視覺設計(文字媒體應用)	450
00009-16	被遺忘的心形象	150
00009-18	綜藝形象100序	150
00006-04	名家創意系列1-識別設計	1,200
00009-20	名家創意系列2-包裝設計	800
00009-21	名家創意系列3-海報設計	800
00009-22	創意設計-啟發創意的平面	850
Z0905	CI視覺設計(信封名片設計)	350
Z0906	CI視覺設計(DM廣告型1)	350
Z0907	CI視覺設計(包裝點線面1)	350
Z0909	CI視覺設計(企業名片吊卡)	350
Z0910	CI視覺設計(月曆PR設計)	350

十.建築房地產

代碼	書名	定價
00010-01	日本建築及空間設計	1,350
00010-02	建築環境透視圖-運用技巧	650
00010-04	建築模型	550
00010-10	不動產估價師實用法規	450
00010-11	經營寶點-旅館聖經	250
00010-12	不動產經紀人考試法規	590
00010-13	房地41-民法概要	450
00010-14	房地47-不動產經濟法規精要	280
00010-06	美國房地產買賣投資	220
00010-29	實戰3-土地開發實務	360
00010-27	實戰4-不動產估價實務	330
00010-28	實戰5-產品定位實務	330
00010-37	實戰6-建築規劃實務	390
00010-30	實戰7-土地制度分析實務	300
00010-59	實戰8-房地產行銷實務	450
00010-03	實戰9-建築工程管理實務	390
00010-07	實戰10-土地開發實務	400
00010-08	實戰11-財務稅務規劃實務（上）	380
00010-09	實戰12-財務稅務規劃實務（下）	400
00010-20	寫實建築表現技法	600
00010-39	科技產物環境規劃與區域	300
00010-41	建築物噪音與振動	600
00010-42	建築資料文獻目錄	450

代碼	書名	定價
00010-46	建築圖解-接待中心.樣品屋	350
00010-54	房地產市場景氣發展	480
00010-63	當代建築師	350
00010-64	中美洲-樂園貝里斯	350

十一. 工藝		
代碼	書名	定價
00011-02	籐編工藝	240
00011-04	皮雕藝術技法	400
00011-05	紙的創意世界-紙藝設計	600
00011-07	陶藝娃娃	280
00011-08	木彫技法	300
00011-09	陶藝初階	450
00011-10	小石頭的創意世界(平裝)	380
00011-11	紙黏土1-黏土的遊藝世界	350
00011-16	紙黏土2-黏土的環保世界	350
00011-13	紙雕創作-餐飲篇	450
00011-14	紙雕嘉年華	450
00011-15	紙黏土白皮書	450
00011-17	軟陶風情畫	480
00011-19	談紙神工	450
00011-18	創意生活DIY(1)美勞篇	450
00011-20	創意生活DIY(2)工藝篇	450
00011-21	創意生活DIY(3)風格篇	450
00011-22	創意生活DIY(4)綜合媒材	450
00011-22	創意生活DIY(5)札貨篇	450
00011-23	創意生活DIY(6)巧飾篇	450
00011-26	DIY物語(1)織布風雲	400
00011-27	DIY物語(2)鐵的代誌	400
00011-28	DIY物語(3)紙黏土小品	400
00011-29	DIY物語(4)重慶深林	400
00011-30	DIY物語(5)環保超人	400
00011-31	DIY物語(6)機械主義	400
00011-32	紙藝創作1-紙塑娃娃(特價)	299
00011-33	紙藝創作2-簡易紙塑	375
00011-35	巧手DIY1紙黏土生活陶器	280
00011-36	巧手DIY2紙黏土裝飾小品	280
00011-37	巧手DIY3紙黏土裝飾小品 2	280
00011-38	巧手DIY4簡易的拼布小品	280
00011-39	巧手DIY5藝術麵包花入門	280
00011-40	巧手DIY6紙黏土工藝(1)	280
00011-41	巧手DIY7紙黏土工藝(2)	280

代碼	書名	定價
00011-42	巧手DIY8紙黏土娃娃(3)	280
00011-43	巧手DIY9紙黏土娃娃(4)	280
00011-44	巧手DIY10-紙黏土小飾物(1)	280
00011-45	巧手DIY11-紙黏土小飾物(2)	280
00011-51	卡片DIY1-3D立體卡片1	450
00011-52	卡片DIY2-3D立體卡片2	450
00011-53	完全DIY手冊1-生活啟室	450
00011-54	完全DIY手冊2-LIFE生活館	280
00011-55	完全DIY手冊3-綠野仙蹤	450
00011-56	完全DIY手冊4-新食器時代	450
00011-60	個性針織DIY	450
00011-61	織布生活DIY	450
00011-62	彩繪藝術DIY	450
00011-63	花藝禮品DIY	450
00011-64	節慶DIY系列1.聖誕饗宴-1	400
00011-65	節慶DIY系列2.聖誕饗宴-2	400
00011-66	節慶DIY系列3.節慶嘉年華	400
00011-67	節慶DIY系列4.節慶道具	400
00011-68	節慶DIY系列5.節慶卡麥拉	400
00011-69	節慶DIY系列6.節慶禮物包	400
00011-70	節慶DIY系列7.節慶佈置	400
00011-75	休閒手工藝系列1-鉤針玩偶	360
00011-76	親子同樂1-童玩勞作(特價)	280
00011-77	親子同樂2-紙藝勞作(特價)	280
00011-78	親子同樂3-玩偶勞作(特價)	280
00011-79	親子同樂5-自然科學勞作(特價)	280
00011-80	親子同樂4-環保勞作(特價)	280
00011-81	休閒手工藝系列2-銀編首飾	360
00011-83	親子同樂6-可愛娃娃勞作	375
00011-84	親子同樂7-生活萬象勞作	375
00011-85	芳香布娃娃	360

十二. 幼教		
代碼	書名	定價
00012-01	創意的美術教室	450
00012-02	最新兒童繪畫指導	400
00012-03	教具製作設計	360
00012-04	教室環境設計	350
00012-05	教具製作與應用	350
00012-06	教室環境設計-人物篇	360
00012-07	教室環境設計-動物篇	360
00012-08	教室環境設計-童話圖案篇	360

新形象出版圖書目錄

郵撥:0510716-5　陳偉賢　　地址:235新北市中和區中和路322號8樓之1
TEL: (02)2920-7133　(02)2921-9004　　FAX: (02)2922-5640

服裝打版講座

出　版　者：新形象出版事業有限公司

負　責　人：陳偉賢

地　　　址：235新北市中和區中和路322號8樓之1

電　　　話：(02)2920-7133　(02)2921-9004

ＦＡＸ：(02)2922-5640

編　著　者：蔡月仙、劉靜宜

總　策　劃：陳偉賢

執行編輯：黃筱情、洪麒偉

電腦美編：洪麒偉

封面設計：洪麒偉

總　代　理：北星文化事業有限公司

地　　　址：234新北市永和區中正路456號B1樓

門　　　市：北星文化事業有限公司

網　　　址：www.nsbooks.com.tw

電　　　話：(02)2922-9000

ＦＡＸ：(02)2922-9041

郵　　　撥：50042987北星文化事業有限公司帳戶

印　刷　所：弘盛印刷股份有限公司

製　版　所：鴻順印刷文化事業股份有限公司

行政院新聞局出版事業登記證／局版台業字第3928號

經濟部公司執照／76建三辛字第214743號

■本書如有裝訂錯誤破損缺頁請寄回退換

西元2012年6月　第一版第二刷

國家圖書館出版品預行編目資料

服裝打版放縮講座 ／ 蔡月仙,劉靜宜編著.--
第一版.-- 新北市中和區：新形象 ， 2004 [
民93]
　面：　　公分

ISBN 957-20359-61-4(平裝)

1.服裝－設計

423.2　　　　　　　　　　　　93009225